[제3판]

쉽게 배우는 천문학

채동현, 안성민 지음

교육과학사

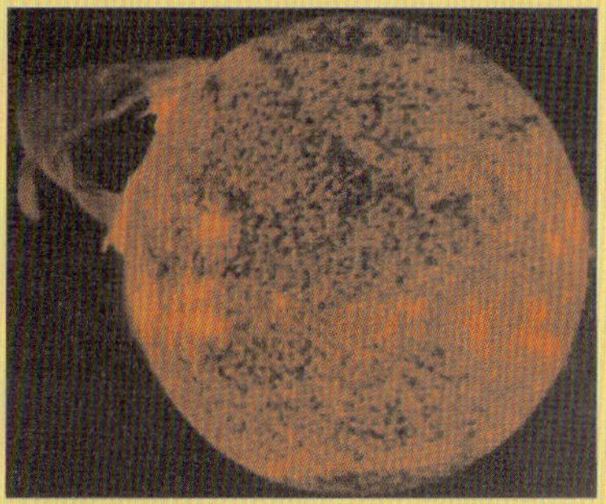
▲ 홍염

▲ 코로나

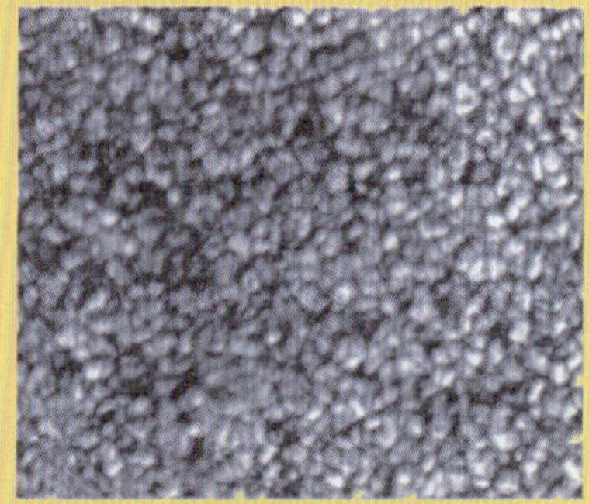
▲ 쌀알조직(태양표면의 대류 증거)

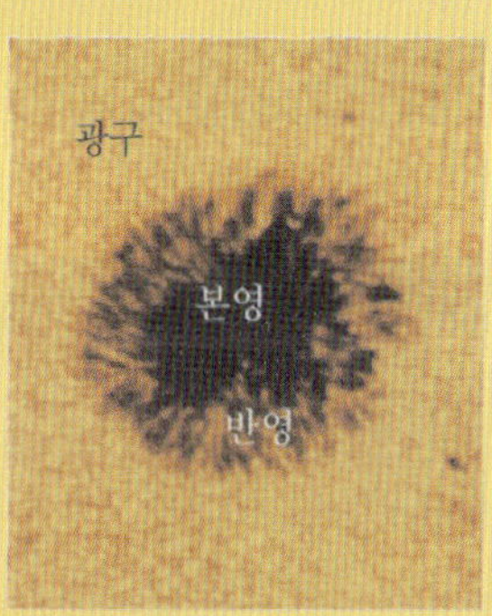

▲ 흑점

▲ 별자리(왼쪽상단: 작은개자리,
오 른 쪽: 오리온자리,
중앙아래: 큰개자리)

▲ 행성들

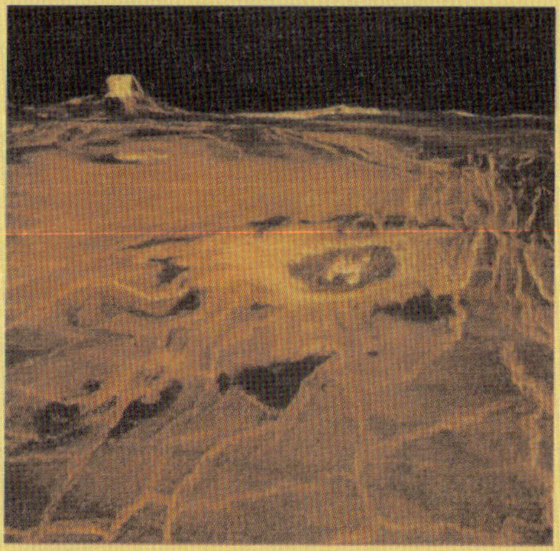

▲ 금성표면

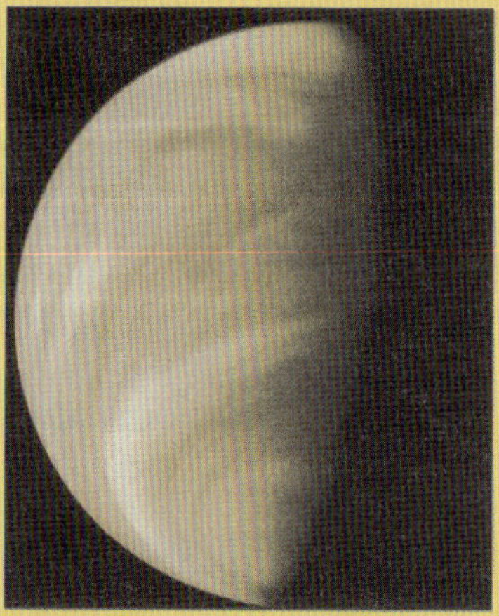

▲ 금성을 우주에서 찍은 모습

▲ 지구의 모습

▲ 대서양 중앙 해령

▲ 화성표면

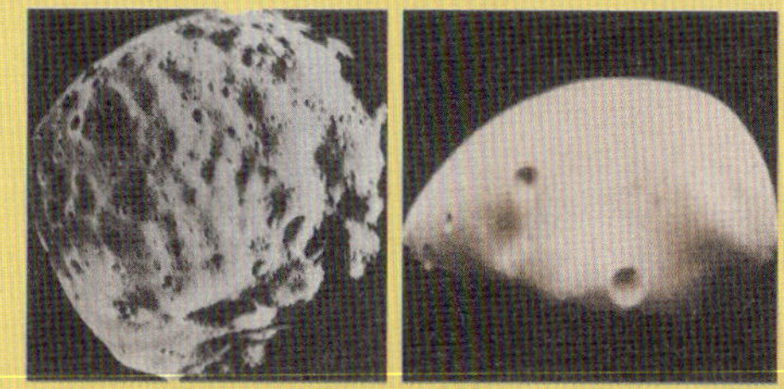

▲ 화성의 두 위성

▲ 목성

▲ 목성의 위성(이오)

▲ 토성

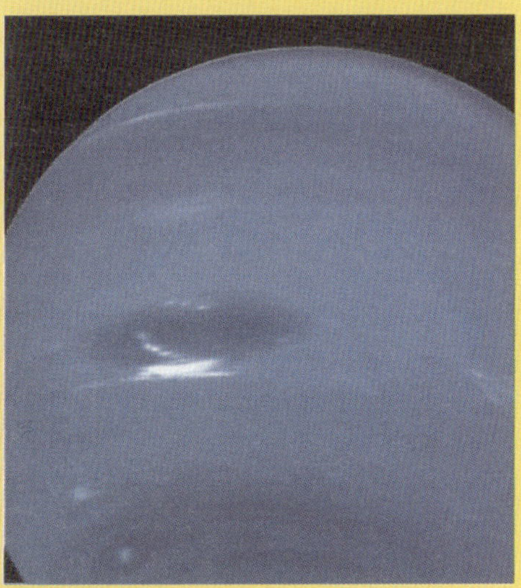
▲ 해왕성의 모습

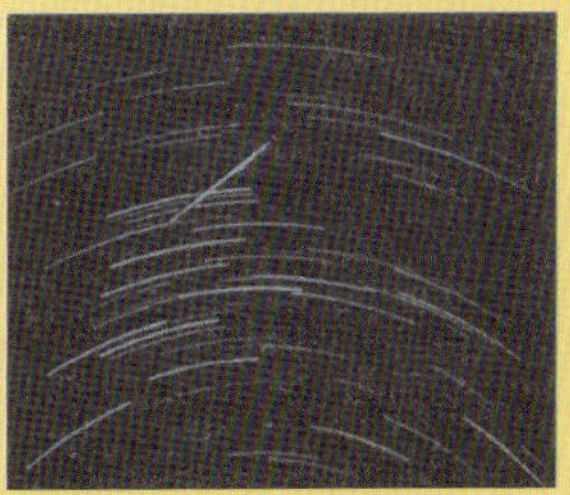
▲ 유성

▲ 석질운석

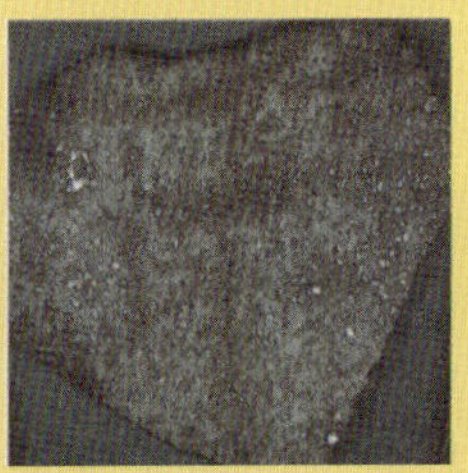
▲ 철질운석

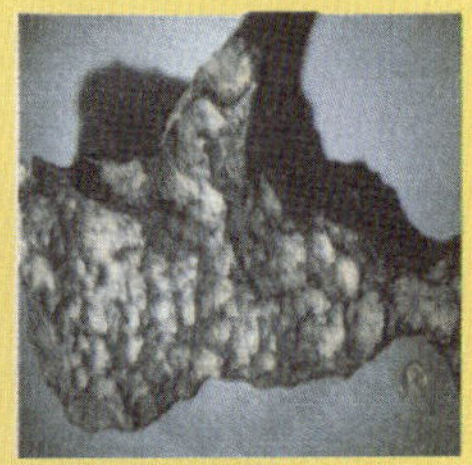
▲ 석철질운석

▲ 웨스트 혜성

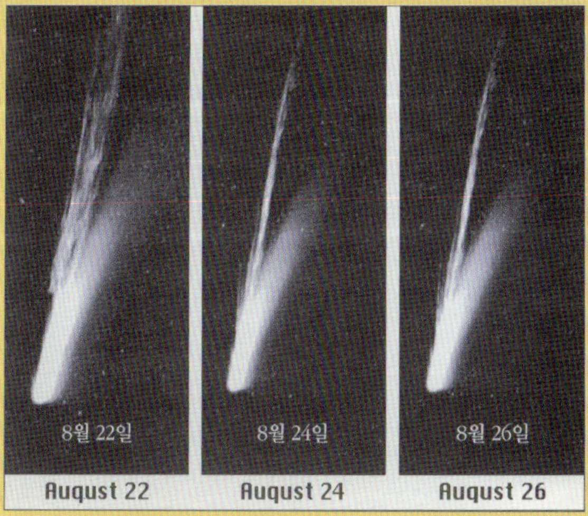

▲ Mrkos 혜성의 꼬리 변화 양상

▲ 성간 분자운(성운)

▲ 행성상 성운

▲ 게성운의 가시광 영역

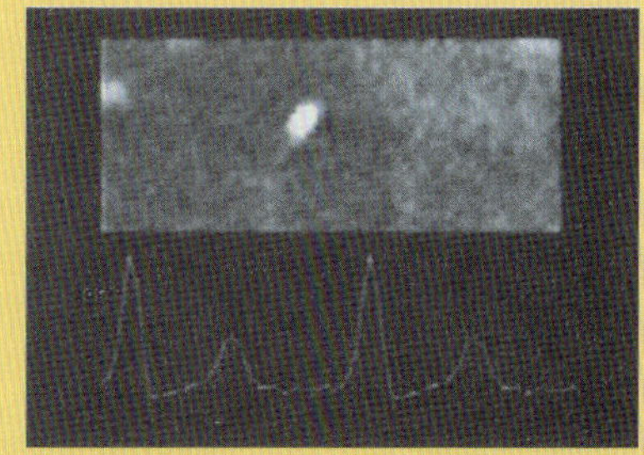
▲ 게성운 중심의 펄서

▲ 은하수

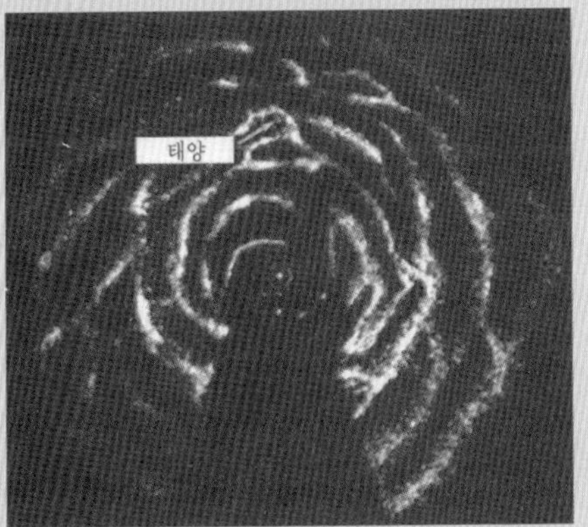

▲ 우리 은하를 위에서 본 모습

▲ 전파은하

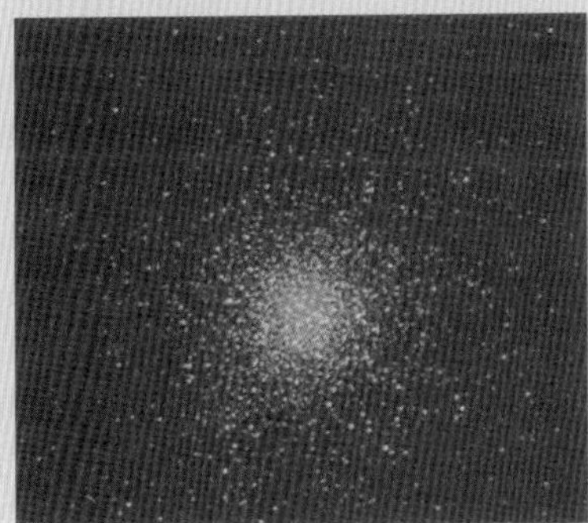
▲ 구상 성단

▲ 산개 성단

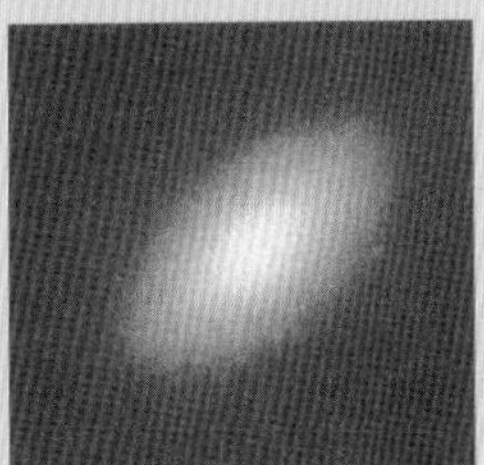
▲ 타원은하

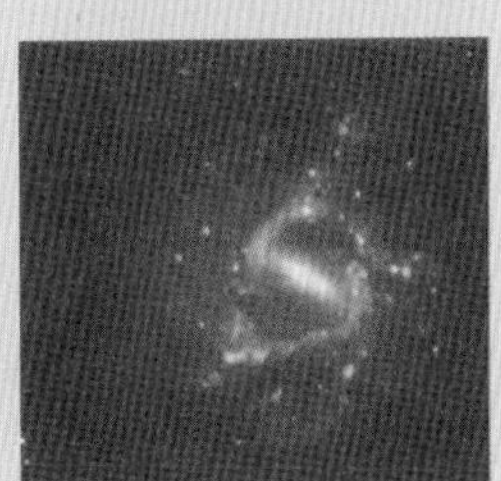
▲ 막대 나선 은하

▲ 정상 나선 은하

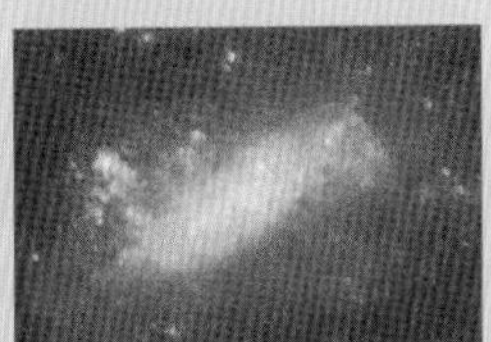
▲ 불규칙 은하

머리말

많은 사람들이 밤하늘의 별을 보면서 우주의 신비에 감동하고 매료되었던 적이 한번쯤 있었을 것이다. 그러나 이러한 신비감 때문인지 천문학에 흥미를 갖는 사람조차도 별을 관측한다는 것에 대해 왠지 두려움을 갖고, 쉽게 접근할 수 없는 것이라 생각하는 경우가 많다.

사실 별을 본다는 것은 자기 자신과의 싸움인지도 모른다. 우선 잠을 설쳐야 하고, 망원기(망원경)로 별을 찾느라 고생도 해야 한다. 또한 추위와의 싸움에도 이겨내야 하는 것이다. 이러한 고생 끝에 별을 찾고, 자기 자신만의 작품을 완성했을 때의 기쁨은 어떤 것과도 비교할 수 없을 것이다.

저자가 이러한 밤하늘의 아름다움을 중 · 고등학생이나 대학생들에게 전달하고자 할 때, 쉽게 가르칠 만한 책을 찾기가 어려웠다. 별에 대해 쉽게 배울 수 있고, 친근감을 느낄 수 있는, 그러면서도 학생 스스로가 무엇인가 해냈다는 뿌듯함을 느낄 수 있기에는 현재 나와 있는 책들은 너무 어렵기 때문이다. 또한 학생들 자신은 별을 관측하려 할 때, 어떻게 해야 하고, 무엇을 해야 하는지 몰라 무척 당황해 하는 경우가 많았다.

저자가 이 책을 쓰게 된 이유는 이러한 문제를 조금이나마 해결해 보고자 하는 데 있다. 또한 별을 직접 자기 자신이 찾고, 스스로 문제를 해결해 가는 과정에서 천문학에 보다 흥미를 가질 수 있도록 하자는 데 있다. 이 책은 천문학에 어떤 분야가 있는지 보다 쉽게 알 수 있도록 단원별로 나누어 문답 형식으로 설명해 놓았다. 그리고 각 단원의 끝에는 간단한 도구만으로도 학생 스스로 직접 실험을 할 수 있도록 하였다.

아무쪼록 학생 스스로 별의 아름다움을 즐길 수 있었으면 하고, 여전히 미개척지로 남아 있는 우주에 보다 많은 관심을 갖길 바란다.

그동안 이 책에 성원을 보내주신 독자 여러분에게 감사를 드린다.

이번에 지구의 모양과 천구 부분을 떼어 서술하였으며, 지구의 모양 단원에서는 우주관의 변천사와 우리나라의 천문학 변천사 등을 새로 첨가하였다. 태양계

단원에서는 명왕성의 행성 목록 제외, 카이퍼벨트와 오르트 구름, 외계행성계에 대한 내용을 추가로 서술하였다. 탐구활동은 학생들을 대상으로 직접 실시해 본 내용 위주로 일부 수정·보완하여 제3판으로 이 책을 새로 출간하게 되었다. 본 저자는 보다 더 많은 탐구활동 자료 및 내용들을 첨가하여 실제로 많은 사람들이 직접 해 볼 수 있는 천문학이 되도록 더욱 더 노력할 것이다.

끝으로 이 책의 출판에 협조를 아끼지 않으신 교육과학사 여러분께도 감사드린다.

2016년 2월

지은이

차 례

제 1 강

지구의 모양과 운동

◆ 고대인들이 생각한 지구의 모양은 어떠했나요?

얼마 전 우연히 영화 '아포칼립토(Apocalypto)'를 본 적이 있다. 마야문명의 몰락과 스페인 침공을 다룬 영화로 전체적으로 스릴 넘치는 추격 장면이 인상적이었던 기억이 있는데, 그 중 눈에 들어온 장면이 하나 있었다. 서로 다른 마야 부족의 전투에서 정복자들이 제물이 된 포로(주인공)을 처형하려고 하는 순간 일식(solar eclipse) 현상이 일어나자 모든 사람들이 하던 일을 멈추고 머리를 조아리기 시작하고, 주술사는 주문을 외우며 일식이 빨리 끝나길 기다리며 두려움에 떠는 모습이었다.

고대인들이 특이한 천문 및 기상현상들을 영화에서처럼 받아들였는지는 모르지만 지금과는 다른 방식으로 받아들인 것은 고대 유적이나 유물 등을 통해 확인할 수 있다. 그들은 설명할 수 없는 자연 현상에 대한 두려움과 경외심이 매우 컸기에 이를 신격화해 숭배하거나 전설 등을 만들어 설명하려 했으며, 그렇게 함으로서 자연에 대한 공포감을 조금이나마 덜어보고자 했던 것으로 보이고, 부족의 단합이나 통솔에도 이러한 자연현상들을 이용했던 것으로 보인다.

그러면, 자연현상을 바라보는 관점이 지금과는 달랐던 고대인들은 지구의 모습이나 우주를 어떻게 생각하고 있었을까?

[그림 1-1] 수메르인들의 우주관

가장 오래된 우주관은 메소포타미아 문명을 일으킨 수메르인들에 의해 탄생했다. 이들은 하늘에는 눈에 보이지 않는 신들이 있으며, 지상에서 일어나는 모든 사건에 영향을 끼친다고 믿었다. 편평한 지구는 하늘이라는 둥근 천장이 덮고 있으며, 이 천장과 땅 사이에는 태양, 달, 별들이 가득 차 있다고 생각했으며, 모두 신들의 지배를 받는다고 생각했다.

고대 그리스인들은 어떠했을까? 이들의 우주관에 대한 개념의 일부가 호메로스와 헤시오도스의 시에서 볼 수 있다. 호메로스의 시에서는 대지가 오케아노스의 강 위에 떠있는 평평한 원판이며, 태양, 달, 별이 있는 반구형의 하늘에 둘러싸여 있다고 설명하였다. 태양(헬리오스)은 전차를 몰면서 하늘을 가로질렀고, 밤에는 황금 사발을 타고 대지 주위를 항해하였다. 또한 자연의 균열은 보통 하데스의 지하 세계이자 그의 전신인 죽음의 세계로 가는 입구로 생각하였다. 둥글고 편평한 대지의 중앙에 그리스가 있고, 그 중심에 신들이 주거하는 올림푸스산이 있으며, 이 원반과 같은 세계는 동서로 길다란 바다에 의해서 두 개로 나누어져 있다고 생각했다. 이는 지중해를 사이에 두고 있는 현재의 유럽과 아프리카를 염두에 둔 우주관인 듯 보인다.

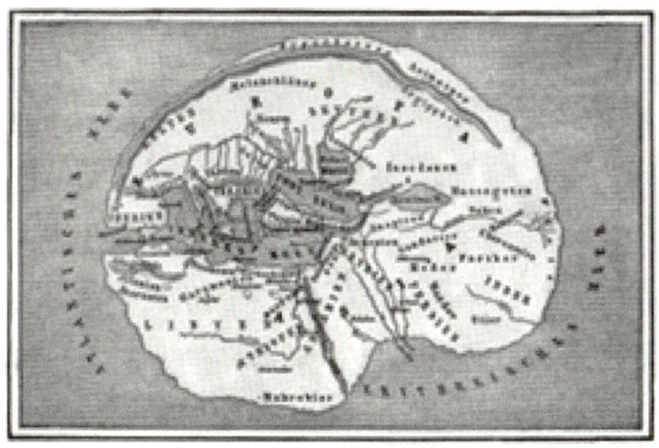

[그림 1-2] 고대 그리스의 우주관 : 좌 – 입체적인 모습, 우 – 평면적인 모습

고대 이집트인들은 몸에 별을 새긴 하늘의 여신 누트가 편평한 땅을 위에서 에워싸고 있는데, 누트가 태양을 입으로 삼키면 밤이 되고, 삼켜진 태양이 누트의 몸을 통과하여 자궁으로 나오면 낮이 된다고 생각했다.

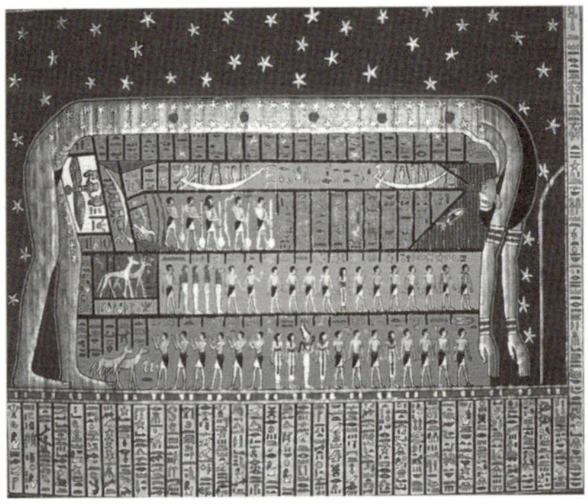

[그림 1-3] 고대 이집트의 우주관 – 바닥에 누워있는 사람이 대지의 신 게브이고, 하늘의 신 누트가 그 위를 에워싸고 있다.

[그림 1-4] 고대 인도인의 우주관

그럼 동양에서는 어떠한 우주관을 갖고 있었을까? 기원전 5세기경의 고대 인도인들은 거대한 뱀 '아난타' 위에 거북이가 올라앉아 있고, 그 거북이 등 위에 네 마리의 코끼리가 반구(半球)의 땅을 떠받들고 있다고 생각했다. 아난타는 신이 세상을 창조하는 일을 도왔고, 하품을 하면 지진이 일어난다고 생각했다. 또한 힌두교 신화에서는 신이 동물의 모습으로 변해서 사람들 곁에 나타나기도 했는데, 태양신인 '비슈누'는 거북의 모습으로 사람들에게 나타나고, 비슈누가 지구를 떠받치고 있다고 믿었다. 그리고 중앙에는 수미산(불교의 우주관에 있어서 세계의 중앙에 솟아 있는 산)이 솟아 있으며, 해와 달은 그 위를 돌고 있다고 믿었다.

고대 중국에서는 '개천설'과 '혼천설'이 있었는데, 우리 선조들도 우주의 모습이 두 개 중 하나일거라 믿은 것으로 보인다. 개천설은 고대 중국의 수학서적 〈주비산경〉에 진자(중국, 1세기)가 제자인 영방과 대화를 나누는 장면에서 나오는데, "하늘은 삿갓 모양이고, 땅은 사발을 엎어 놓은 모양과 같다." 고 서술되어 있다. 또한 진자는 막대를 이용해 계절에 따라 그림자의 위치가 어떻게 바뀌는지 측정하고, 땅과 하늘 사이의 거리를 계산하는 방법을 설명하였으며, 하늘과 땅이 같은 모습이라고 생각했다. 혼천설은 천지의 형태는 달걀과 비슷하고 물에 떠 있다고 생각한 우주관이다. 또한 한나라를 세운 고조의 손자 유안은 한나라 7대 황제인 무제에게 〈회남자〉라는 책을 써서 바쳤는데 여기에서 "하늘은 둥글고, 땅은 네모나다."고 하였다.

◆ 지구의 모양에 대한 생각은 어떻게 변화했나요?

세계적으로 4대 문명이 나타나고 나서 수메르인, 이집트인, 중국인, 인도인들의 지구관은 모두 평면적인 사고에서 크게 벗어나지 못하고 있다.

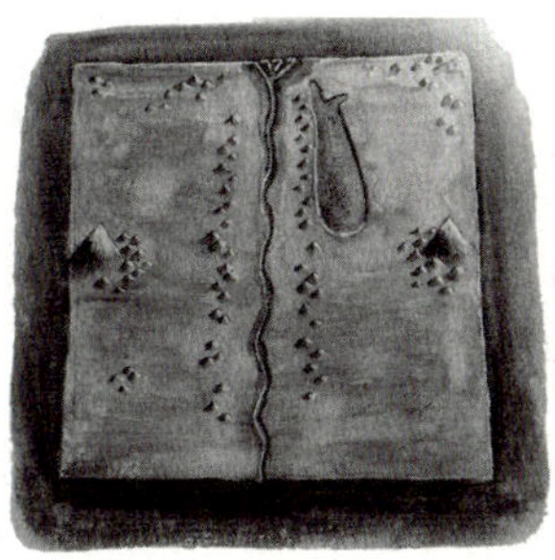

[그림 1-5] 고대 이집트인의 지구관: 중앙에 나일강이 흐르고 있다.

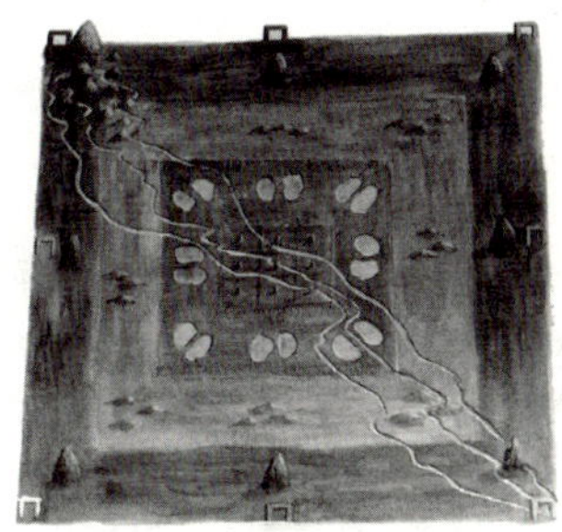

[그림 1-6] 고대 중국인의 지구관: 지구는 정사각형이고, 중국이 중심에 있다.

그러나 고대 학자들 사이에서도 지구의 모양이 둥근 형태라는 것을 고려한 사람들도 있다.

아리스토텔레스는 우주는 동심구로 구성되며, 중심에는 지구가 있다고 생각했다. 지구는 다시 4개의 층으로 나누어지는데 맨 아래가 흙, 그 위로 물, 공기, 불의 순서로 되어 있고, 나머지 구에는 해당하는 천체들이 있는데 아래에서부터 달, 수성, 금성, 태양, 화성, 목성,

[그림 1-7] 아리스토텔레스의 지구중심설(천동설)

토성의 순서로 되어 있고 맨 위는 하늘로 항성이 있다고 보았다. 이것이 최초의 지구중심설(천동설)인 것이다.

고대 그리스의 학자인 에라토스테네스(BC 276-BC 194)는 하짓날 정오에 이집트의 남쪽 시에네(지금의 아스완)에서 태양이 천정에 오고 시에네보다 북쪽에 있는 알렉산드리아에서는 태양이 천정에서 7.2° 기울어지는 것을 보고 그 원인을 지구가 둥글기 때문일 것이라고 가정하였다. 그는 지구가 완전한 구형이고, 태양에서 오는 빛은 평행광선이라고 가정하고 지구의 크기를 최초로 측정했는데, 현재 지구둘레인 약 40000km와 비교해도 10%정도의 오차에 불과할 정도로 비교적 정확하게 유추해냈다.

고대 중국의 장형(72-139)은 다방면에 재능을 보인 사람으로 특히, 천문관측기인 혼천의와 지진계인 후풍지동의를 발명하였다. 그는 천문대장을 역임하면서 뛰어난 업적을 남겼는데, 중국 고대의 우주구조에 관한 이론인 혼천설 - 지구가 달걀 모양이라는 - 을 정립했으며, 월식이 일어나는 원인을 정확하게 해석했고, 행성의 운동을 태양과의 상대적인 거리변화로 파악했다.

◆ 지구가 평평하다는 관점에서 둥근 모양이라는 생각으로의 사고 전환은 어떻게 이루어졌을까?

고대인들은 지구가 평평하다고 생각하였다. 하지만 이러한 생각에 서서히 의문점이 등장하게 된다.

첫째, 항구로 접근하는 배가 돛대부터 관측된다.

둘째, 높은 곳에 올라가면 시야가 넓어진다.

셋째, 월식 때 달에 비친 지구의 그림자가 둥글다.

넷째, 저위도에서 고위도로 가면서 북극성의 고도가 서서히 높아진다.

이와 같은 의문점을 해결하는 방법은 지구가 구형이라는 관점의 변화뿐이었다.

	지구가 평면일 때	지구가 구형일 때
첫째	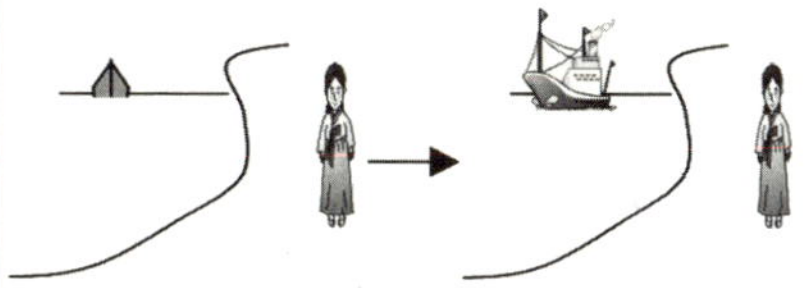 "배 앞부분이 먼저 보이고, 전체가 보이는데?" "실제 보이는 모양하고 다르잖아? 왜 그러지?"	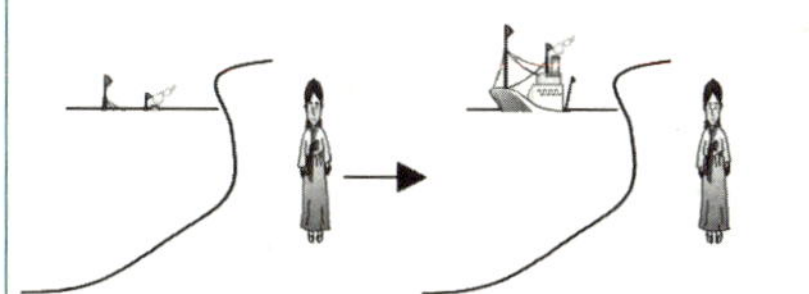 "바다 속에서 배가 나오는 거야? 왜 돛대부터 보이지"
둘째	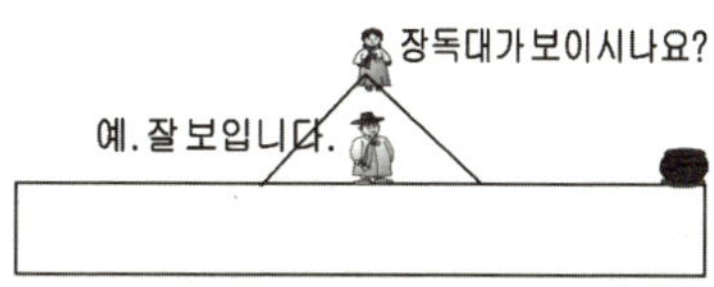	
셋째	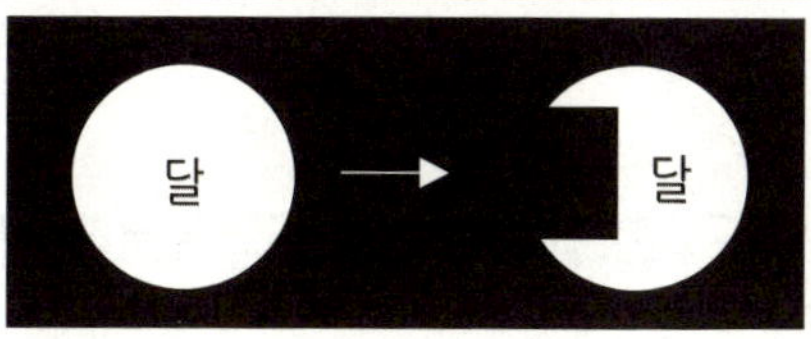 월식(달이 지구의 그림자 속에 들어갈 때)이 진행될 때 달에 비친 그림자가 네모모양이어야 함.	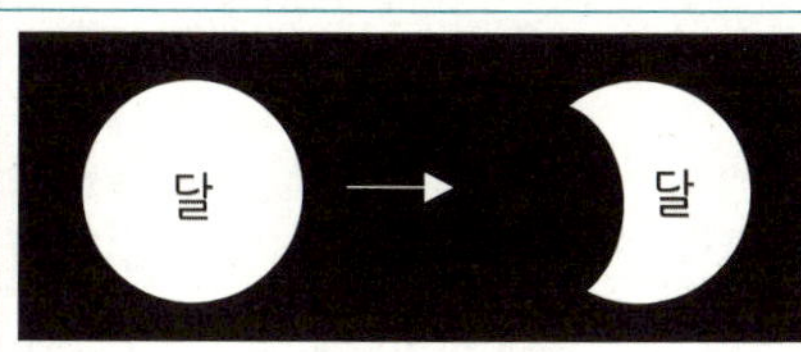 실제로 관측되는 월식의 모양. 지구가 구형이라는 증거
넷째	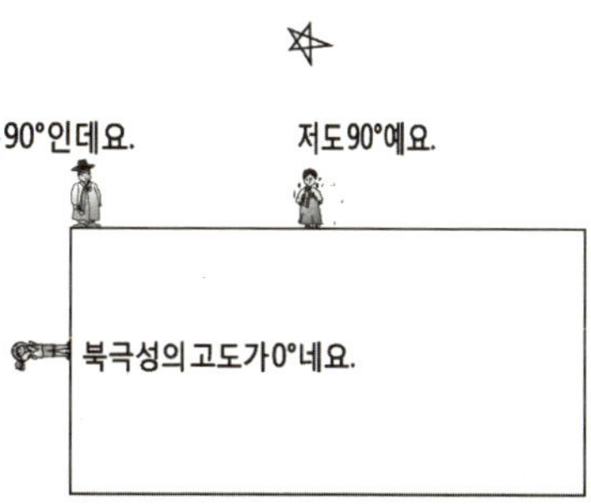 전제조건 : 별빛은 평행광선이다.	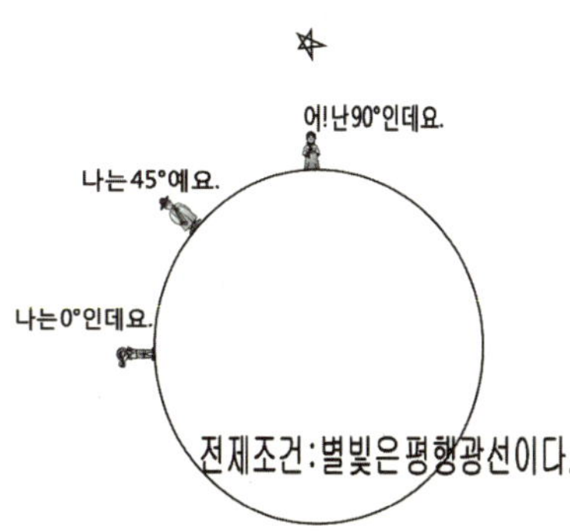

지구가 구형이라는 믿음으로 1492년 콜럼버스는 인도로 가는 새 바닷길을 찾기 위해 항해에 나섰는데, 그는 지구가 작은 공 모양일 거라고 생각했고, 그 정도면 배로 유럽과 아시아 사이에 있는 바다를 충분히 건널 수 있다고 생각하고 자신있게 출발했던 것으로 보인다. 그 후 여러 차례 항해하면서 콜럼버스는 지구가 완전히 둥근 것은 아니라고 생각했다. 실제로 세 번째 인도 항해에 나선 콜럼버스가 에스파냐의 왕과 여왕에게 보낸 편지에서는 “세계는 사람들이 이야기하는 것처럼 완전히 둥근 게 아니라, 서양배와 비슷하게 생겼다는 사실을 발견했습니다.”라고 적혀있다.

뉴턴은 역학 연구에 매진함과 동시에 지구의 모양에 대해서도 깊이 연구했는데, 1680년대부터 지구가 완전한 공모양이라는 고대 그리스인의 생각에 의문을 품기 시작했다. 만약 지구가 태양계의 다른 행성들과 마찬가지로 균일한 유체로 이루어져 있다고 가정하면, 자전에 의한 원심력 때문에 지구 내부의 유체는 적도 쪽에서 밖으로 나가려는 힘을 받아서 지구의 적도 쪽은 불룩 솟아오르고, 양 극 쪽은 약간 납작해져 타원 모양이 될 것으로 생각했다.

카시니는 동일 경도상의 남북 간의 거리를 측정하여 북으로 갈수록 길어진다는 것을 확인하고, 지구가 남북방향으로 길쭉한 타원형 - 마치, 럭비공 모양 - 일 것이라고 생각하였다. 이는 측정에 문제가 있어서 잘못 나온 결과이지만, 당시 과학자들은 뉴턴과 카시니의 지구 모양을 놓고 둘로 나뉘어져 있었다.

이후 프랑스 과학 아카데미는 지구가 양 극 쪽이 약간 납작한 모양이라는 주장을 증명하기 위해, 라 콩다민과 부게르가 이끄는 탐사대는 1735년에 페루로 이동하여 경도 1°의 길이를 쟀고. 1737년에는 모페르튀와 클레로가 이끄는 탐사대가 유럽의 가장 북쪽 지역인 라플란드에서 위도 1°의 길이를 쟀는데, 이를 분석한 결과 지구는 양극 쪽이 납작하다는 결론을 내리게 되었다.

◆지구의 자전과 공전에 대해 자세히 알고 싶어요?

〈지구의 자전〉

지구는 23시간 56분 4.091초의 주기로 자전하고 있으며 북극과 남극을 잇는 자전축을 기준으로 돌고 있다. 방향은 지구의 북극에서 보았을 때 시계 반대 방향

(서에서 동)이며, 이로 인해 지구에서 천체들의 움직임을 관측할 때는 한 시간에 약 15도씩 동에서 서로 이동하는 것처럼 보이는 일주운동이 관찰된다. 지구의 자전속도는 위도마다 다른데 적도에서는 약 462m/s(1666.7km/h), 위도 30°부근은 약 367m/s(1320km/h)이다.

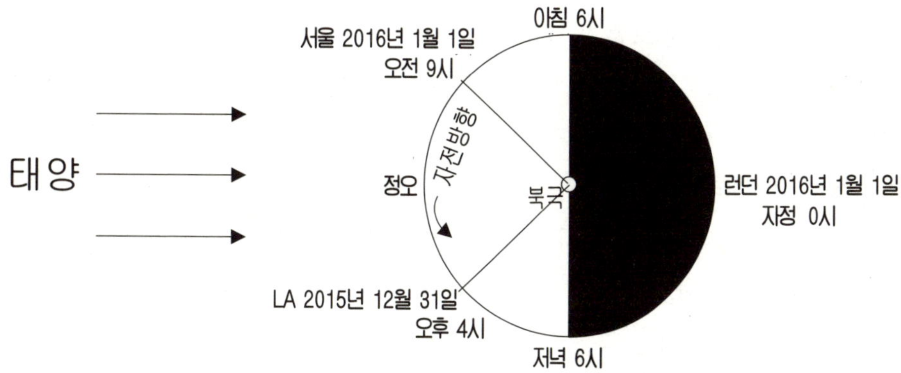

[그림 1-8] 낮과 밤의 생성 원리 및 시간의 개념

지구에서 낮과 밤이 생기는 것도 바로 자전에 의한 현상으로 우리가 사용하는 시간이라는 개념도 사실은 지구의 자전에서 기인했다. 위도에 따라, 계절에 따라 낮과 밤의 길이가 달라 시간의 정확한 정의가 필요했기에 파리에 있는 표준연구소가 안정된 세슘원자(원자번호 133)를 이용하여 1초를 규정했는데, 1초는 세슘원자의 진동수가 91억 9,263만 1,770번 반복하는 시간의 길이라고 하였고, 이를 1972년 1월 1일부터 사용하고 있다. 현재 우리가 일반적으로 사용하고 있는 시간은 완벽한 구이며 자전축이 기울어지지 않은 지구를 가정하여 정한 것이다. 따라서 실제 태양의 움직임을 이용한 시간과는 차이가 발생하게 된다.

[그림 1-8]은 낮과 밤의 생성 원리와 시간의 개념을 설명하고 있는 그림이다. 낮이라 함은 태양이 비추는 곳이고, 밤은 그 반대이며, 지구의 자전축이 23.5도 기울어져 있기 때문에 위도에 따라 계절에 따라 낮과 밤의 길이가 달라진다.

지구는 달의 인력과 그로 인한 기조력(밀물과 썰물의 작용)에 의해 자전 속도가 매년 약 0.000017초 정도가 느려지고 있으며, 달과의 거리는 매년 4cm씩 멀어지고 있다. 따라서 다른 특이한 상황 없이 이 현상이 달과 지구에 지속적으로 작용한다면, 이 현상이 달과 지구에 지속적으로 작용한다면, 지금부터 약 51억년 후에는 지구의 자전주기가 48시간이 되며, 그 때 달까지의 거리는 약 588,000km (현재 384,000km) 정도가 된다.

〈지구의 공전〉

지구는 태양을 365.2564일 주기로 공전하고 있기 때문에 지구에서 보았을 때 태양이 다른 천체들을 배경으로 하여 하루에 약 1도씩 서에서 동으로 이동하는 것처럼 보인다. 또한 지구의 자전축이 약 23.5° 기울어져 있는 것 때문에 계절변화도 나타나고 있다.

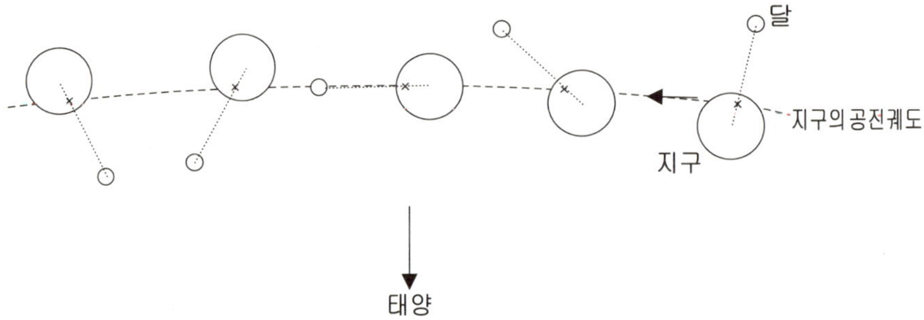

[그림 1-9] 지구와 달의 실제 공전 모습
(지구와 달의 공통질량중심(X)는 지구의 공전궤도를 따라 이동하게 된다.

지구는 달을 거느리고 있는데 달과 지구는 공통질량중심(지구 중심으로부터 약 4600km-지구 내부에 있음)을 27.32일의 주기로 회전하고 있다. 지구가 태양주위를 공전한다는 것은 이 질량중심이 공전궤도를 따라 돌고, 지구와 달도 질량 중심을 축으로 회전함을 의미한다.

지구가 태양 주위를 공전할 때, 타원궤도 운동을 하므로 근일점과 원일점이 나타나며, 공전속도에 차이가 나타나게 된다. 현재 태양에서 지구까지의 근일점일 때의 거리는 약 1억 4,700만km이고, 그 시기는 매년 1월 3일경이며, 공전속도는 30.29km/s이다. 원일점일 때의 거리는 약 1억 5,260만km이고, 그 시기는 7월 4일경이며, 공전속도는 29.29km/s이다. 이를 평균해보면 지구와 태양의 평균 거리(1AU)는 1억 4,959만 7,870km, 지구의 공전 궤도 속도는 약 30km/s(107,160km/h)정도이다.

◆ 지구가 자전과 공전을 한다는 사실은 언제, 어떻게 알게 되었나요?

지구과학을 공부하다 보면, 지구의 자전과 공전에 대해 고대 사람들은 어떻게 생각했는지, 또한 언제 알게 되었는지 궁금할 때가 있다.

실제로 고대 그리스인들은 지구가 아닌 하늘이 매일 회전을 하고 있다고 믿었다. 이를 처음 주장한 사람은 필롤라우스(B.C 470~385)이며, 후에 아리스토텔레스(B.C 384~322)도 지구 주위를 별이 돈다는 이론을 확립하였다(지구중심설). BC 3세기에 아리스타르코스 등 일부 그리스 과학자들이 지구가 아닌 태양이 우주의 중심이라고 제안한 바 있었지만, 그들의 생각은 받아들여지지 않았다.

아리스토텔레스가 주장한 지구중심설의 개념으로 고대 천문학자들이 태양·달·행성 등에 관한 축적된 관찰기록을 설명하려고 했을 때 문제가 나타나자, 프톨레마이오스(B.C 150)는 원래의 공전궤도를 나타내는 큰 원들과 큰 원 안을 도는 작은 원인 주전원(epicycle)을 고안하여 지구중심의 수정된 우주모형을 고안하게 되었다. 주전원이론으로 행성의 밝기 변화와 역행운동 등 행성의 불규칙성을 설명했으며, 일정한 속도의 원운동이 관측되는 공간상의 가상적인 점인 이심(eccentric center; 異心)을 도입하여 공전속도의 변화를 설명하려 했다. 그는 '지구가 돌면 파괴되고 말 것이다'라는 생각을 갖고 있었기 때문에, 지구의 자전과 공전 자체를 부정했던 것이다.

인도의 천문학자 아리아바타는 499년에 구체인 지구는 축을 따라 매일 자전을 하며 별들의 움직임은 지구의 자전에 의해서 발생한다고 서술하였다. 또한 지구가 태양주위를 공전한다는 개념을 도입하여 일식과 월식의 원리를 설명하였고, 행성들의 궤도 주기와 궤도 반지름도 계산하였다.

이렇듯 지구의 자전과 공전 여부에 대해 서로에 대한 의문점들이 많았지만, 시간이 지나면서 지구의 자전과 공전에 대해 서서히 인식하는 논문이나 기록들이 많아지고 13세기 들어서는 기정사실화 하는 분위기였다. 그럼에도 불구하고 그 근거 제시가 미약하여 여전히 많은 반대 의견이 존재했던 것도 사실이다.

하지만 1543년 코페르니쿠스가 태양중심설을 주장하면서 그 체계를 설명하였고, 지구의 자전에 대해서도 언급하였다. 티코 브라헤(1546~1601) 역시 처음에는 코페르니쿠스가 주장한 태양중심설을 믿었으며, 지구가 공전하면 연주시차가 나타날 것이라는 획기적인 생각까지 하게 된다. 그가 머물던 우라니보르 천문대에서 장기간에 걸쳐 연주시차를 관측하려 했으나 관측되지 않자 수정된 지구중심설을 주장하게 된다. 하지만 그의 제자인 케플러(1571~1630)는 태양중심설에 근거하여 케플러 법칙을 완성하였다.

지구의 자전에 대해 생각하고 지구의 모양에 대한 구체적인 생각까지 한 인물은 뉴턴일 것이다. 앞에서 잠시 언급했던 것처럼 그는 지구가 자전한다고 믿었고, 자전으로 인해 지구가 적도쪽으로 부풀어 올라 그 모습이 타원모양일 것으로 예상하였다.

그럼 지구가 자전한다는 사실은 어떻게 알게 되었을까?

가스파르-귀스타브 코리올리(Gaspard - Gustave Coriolis, 1792~1843)는 1835년 〈물체계의 상대적 운동 방정식에 대하여〉 라는 논문에서 코리올리효과(전향력)를 발표하면서, 지구가 자전하지 않을 경우 물체의 운동경로가 직선이 되지만, 지구의 자전으로 운동경로가 휘어지게 됨을 주장하였다.

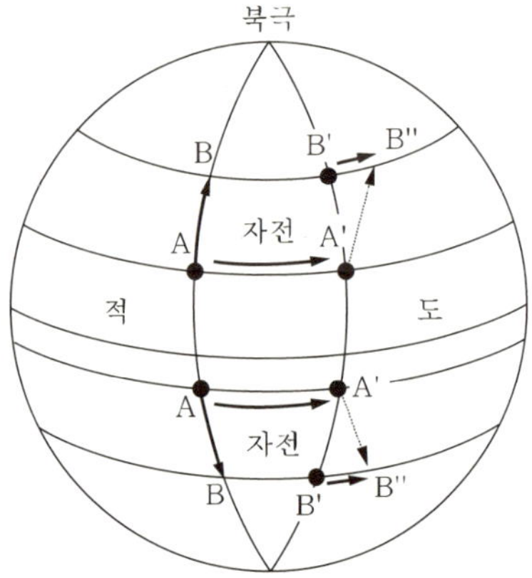

[그림 1-10] 코리올리 효과

그의 이론에 의하면, 지구의 자전에 의해 미사일과 같은 먼 거리를 날아가는 물체의 경우 북반구에서 오른쪽으로 휘어지는 것처럼 나타난다는 것을 의미한다. 물론 전향력은 남반구의 경우 북반구와는 반대로 왼쪽으로 작용하여 물체가 왼쪽으로 휘게 된다.

[그림 1-10]의 그림을 보면서 북반구의 경우만 간단히 살펴보자. 북반구에서 A → B로 미사일을 발사했다고 가정하자. 어느 정도 시간이 흘러 이 미사일이 지상에 떨어질 때쯤 되면 A는 A′로 B는 B′로 이동해 있게 된다. 그러나 미사일은 처음 발사한 방향대로 날아가므로 B″ 지점에 떨어지게 된다. 따라서 관측자(발사한 사람)가 보면 물체는 오른쪽으로 휜 것처럼 보인다.

프랑스의 과학자 레옹 푸코는 지구가 자전한다는 믿음으로 이를 증명하기 위해 푸코진자를 고안하였다. 사실 코리올리가 코리올리 효과를 수학적인 방법으로 설명하여 지구 자전을 증명하였다고는 하지만 실험을 통해 직접적으로 확인하기에는 어려웠다. 그래서 푸코는 1851년 팡테옹의 돔에 길이 67m의 실을 늘어뜨리고 28㎏의 추를 매달아 흔들었고, 시간이 지남에 따라 진동면이 어떻게 회전하는지 관찰하였다. 일반적으로 진자에 작용하는 힘은 중력과 실의 장력뿐이므로 일정한 진동면을 유지해야 하지만, 진자를 장시간 진동시키자 진자의 진동면이 시계방향으로 회전하는 것으로 관찰되면서 파리에서는, 즉, 북반구에서는 지구가 반시계방향으로 자전하는 것을 처음으로 눈으로 확인하게 된 것이다.

또한 1957년 최초의 인공위성이 발사되고 난 후 많은 인공위성이 지구 상공에 발사되었고, 극궤도 위성이나 경사궤도 위성의 경우 궤도가 서쪽으로 치우지는 서편현상이 예견되었으며, 실제로 관측되면서 지구의 자전을 부인할 수 없게 되었다.

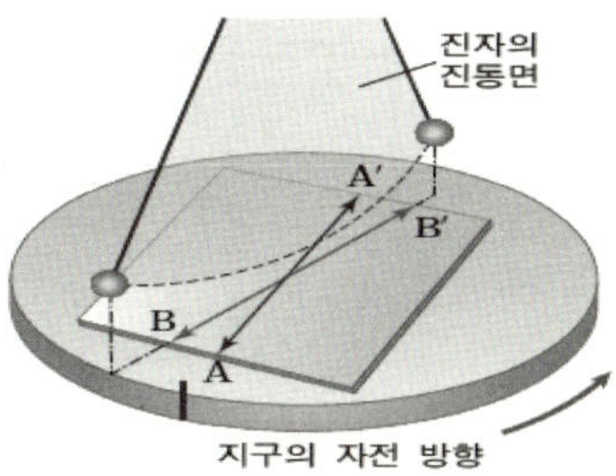

[그림 1-11] 푸코진자의 진동면 회전. 처음 AA'로 진동하던 진자가 시간이 지나면 BB'로 진동하는 것처럼 보인다.

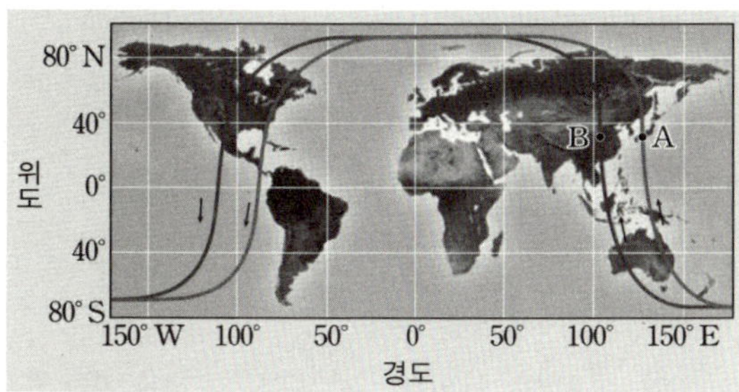

[그림 1-12] 인공위성궤도의 서편현상 우리나라에서 A에서 관측된 인공위성이 한바퀴 공전 후 B에서 관측된다. 이는 극궤도위성이나 경사 궤도 위성에서 관측된다.

이상에서 살펴보았듯이 지구의 자전이 확실히 증명된 것은 지금으로부터 약 150년 전의 일이다. 그럼 공전은 어떻게 알게 되었는지 또 의문이 생길 것이다.

지구의 자전과 마찬가지로 지구의 공전에 대해서도 과거 여러 과학자에 의해 예견되었지만, 확실한 증거를 찾기 어려웠다. 특히 티코 브라헤는 지구의 공전을 어느 정도 믿었지만 그가 생각한 연주시차의 측정 - 지금과 비교하면 너무 큰 값을 예상했었고, 그 당시 망원경의 성능으로는 측정하기 어려웠지만 - 이 이루어지지 않자 수정된 지구중심설(천동설)을 주장하게 된 것이다.

그 후 1729년 브래들리가 지구가 공전한다면 광행차가 존재할 것으로 예측했고 이를 발견한 것이다. 그가 발견한 광행차 상수값은 20″로 현재의 20.49″와 비교해도 오차가 거의 나지 않는다.

광행차는 비가 올 때 우산을 앞으로 약간 기울여야 하는 것과 같은 원리로 실제로 지구에서 별을 관측할 때, 지구 공전 방향으로 약간 기울여 보아야 한다는 것이다. 즉, [그림 1−13]에서처럼 실제 별의 방향(A)이 아닌 B 방향으로 망원경을 설치해야 A별을 관측할 수 있게 된다.

[그림 1−13] 광행차

광행차 발견 후 100여년이 지난 1838년 프리드리히 베셀이 백조자리61번별을 주기적으로 관측하여 0.62초이라는 정확한 연주 시차를 측정해 내는데 성공한다. 실제 관측을 통해 지구의 공전을 증명한 것이다.

1842년에 크리스티안 요한 도플러에 의해 도플러효과가 발표된 이 후, 별빛에서 주기적으로 적색편이와 청색편이가 나타나는 연주변화를 관측하게 되었고, 지구의 공전을 확신하게 되었다[그림 1−14].

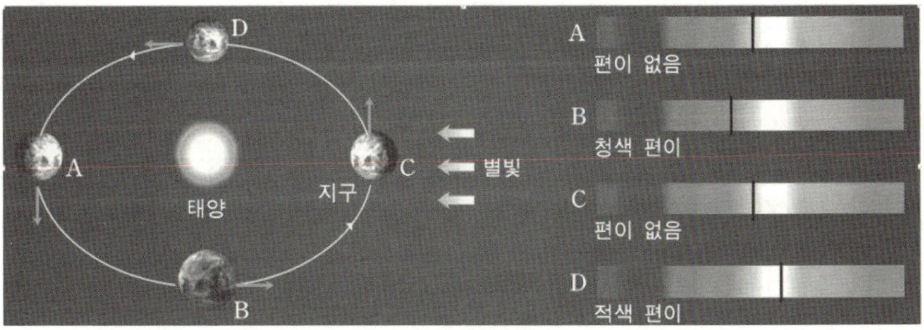

[그림 1-14] 별빛 스펙트럼의 연주변화

◆ 천체는 왜 천구상에서 움직이는 것처럼 보일까?

우리가 지구 내부에 있어서 지구와 함께 자전과 공전을 하기 때문에 이러한 사실을 느끼지 못하고 있다. 하지만 간접적으로 지구의 자전과 공전을 느낄 수 있는데, 하나는 매일 나타나는 천체의 움직임이며, 또 하나는 계절에 따른 별자리의 변화이다.

매일 나타나는 천체의 움직임은 지구가 자전(서에서 동으로)하여 나타나는 현상으로 마치 별들이 동에서 떠서 서쪽으로 지는 것처럼 보이게 되며, 이를 천체의 일주운동이라 한다. 별의 일주운동은 지구가 1시간에 15°씩 자전하므로 별들의 움직임도 마찬가지 형태로 움직임이 관찰된다.

① 북반구 중위도 지방

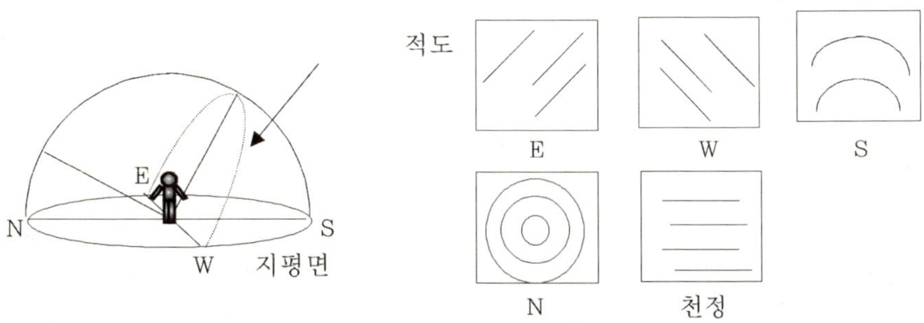

② 적도 지방의 일주 운동 (북쪽이 북극 방향)　　③ 극지방의 일주 운동 (천정이 북극)

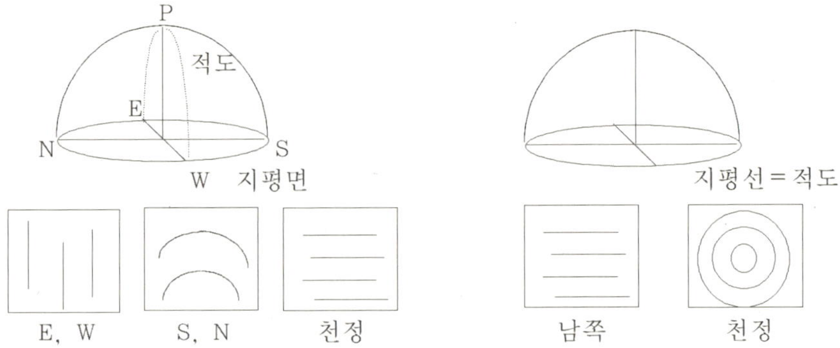

[그림 1-15] 이론적인 별의 일주운동 모습

① 북반구 중위도에서 일주운동　② 적도에서 일주운동　③ 북극에서 일주운동

[그림 1-16] 천체의 일주운동

[그림 1-15]은 이론적인 별의 일주운동 모습을 나타낸 것이다. 별의 일주 운동을 실제로 사진 관측한 것이 [그림 1-16]이다. [그림 1-15]와 [그림 1-16]에서 ①은 북반구 중위도 지방에서 나타나는 별의 일주운동을, ②는 적도지방에서 나타나는 별의 일주운동을, ③은 극지방에서 나타나는 별의 일주 운동을 의미한다.

계절에 따른 별자리 변화는 지구의 공전 때문에 일어나는 현상으로 천체의 연주운동이라 한다.

지구는 태양 주위를 하루에 1°씩 서에서 동(반시계방향)으로 공전하고 있기 때문에, 우리눈에는 별자리가 하루에 1°씩 움직여 일 년이 지나면 360°를 회전하는 것처럼 보인다. 별자리가 월 또는 계절마다 달리 보이는 이유가 이러한 천체의 연주운동 때문이다.

[그림 1-17]은 천체의 연주운동으로 황도 부근의 별자리의 위치가 월 또는 계절마다 달리 보이는 것을 나타내고 있다.

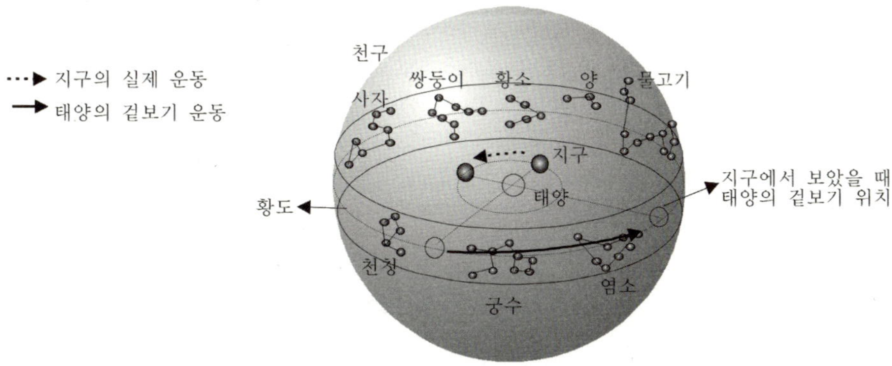

[그림 1-17] **별의 연주 운동**

◆ 계절 변화는 왜 생기는가?

우리들은 사계절이 규칙적이고 반복적으로 나타나는 현상임을 알고 있다. 봄이 오면 꽃이 피고, 여름이 되면 지루한 장마와 무더운 날씨가 계속되고, 가을이 되면 풍요로운 들과 단풍잎으로 물든 산천을 볼 수 있고, 겨울이 되면 하얀 눈이 내리는 것을 알고 있다. 또 여름은 덥고 겨울은 춥다는 사실도 알고 있다. 그러면, 봄 · 여름 · 가을 · 겨울의 계절변화는 왜 생기는가? 왜 여름은 덥고 겨울은 추운 것일까?

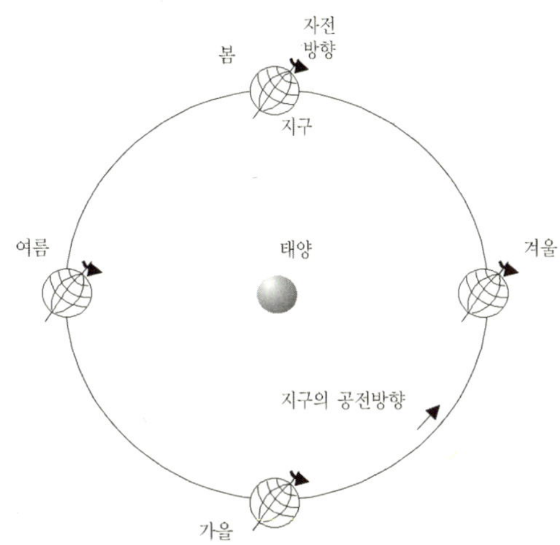

[그림 1-18] **계절의 변화(북반구 기준)**

계절변화는 지구의 자전축이 기울어진 상태로 태양 주위를 공전하여 나타나는 현상으로 두 요인이 동시에 작용해야 나타나게 된다. 계절에 따라 태양의 남중 고도차가 생기는 것, 밤과 낮의 길이 변화가 나타나는 것, 연교차가 발생하는 것 모두 이러한 현상에 기인하는 것이다.

◆ 세차운동이란 무엇인가?

지구의 운동에는 세 가지가 있다. 첫째, 지구의 자전, 둘째, 지구의 공전, 셋째, 세차운동(precession)이다. 지구의 자전과 공전은 앞에서 간단히 언급했기에 여기서는 설명하지 않고, 세차운동에 대해서만 생각해 보자. 세차운동의 원인은 기울어진 지구의 자전축과 달이나 태양이 지구에 미치는 힘의 차이(차등중력) 때문이다[그림 1-19].

달의 인력을 많이 받은 쪽에서 적게 받은 쪽(시계방향)으로 황극을 중심으로 지구의 자전축이 회전하는데, 이것이 바로 세차운동이다. 세차운동의 영향으로는 ① 천구의 북극과 춘분점의 이동 현상[그림 1-20] 및 ② 항성년과 회귀년의 차이, 그리고 ③ 여름과 겨울이 뒤바뀌는 현상을 들 수 있다[그림 1-21].

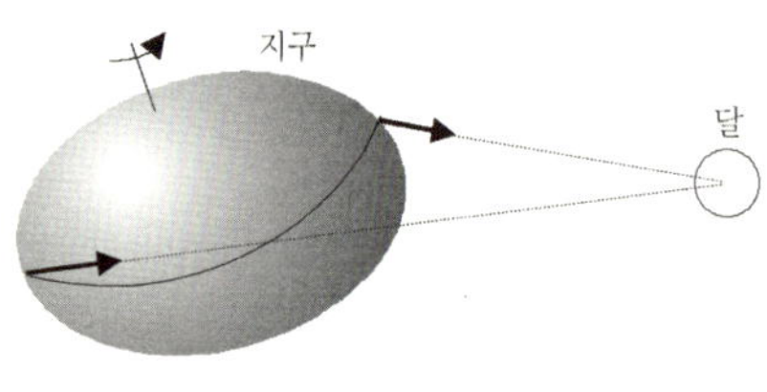

[그림 1-19] 세차운동의 원인

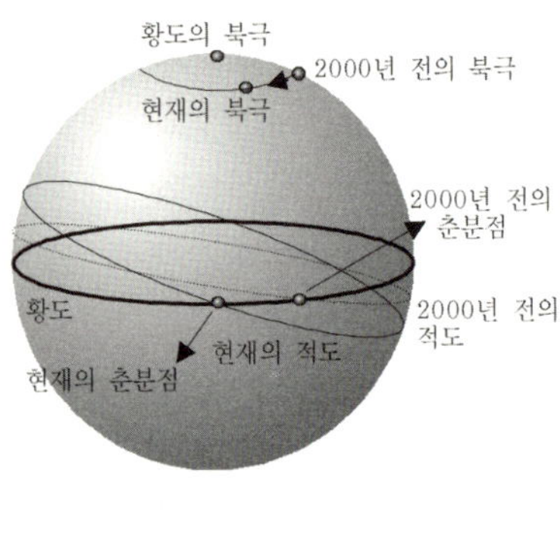

[그림 1-20] 세차운동(춘분점의 이동) 현재의 북극

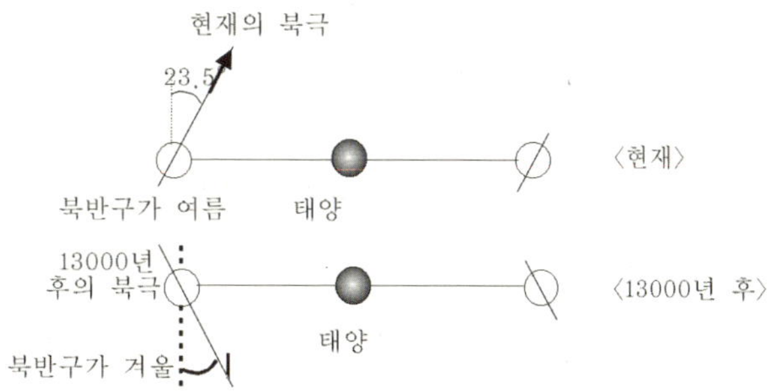

[그림 1-21] 여름과 겨울이 바뀌는 현상

◆ 지구의 크기는 누가 알아냈나요?

고대 그리스인들은 지역에 따른 북극성의 고도차이, 배의 움직임 등을 이용해 지구가 공처럼 둥근 모양일 것으로 여기고 있었다. 천문학자이자 수학자인 에라토스테네스도 지구가 둥근 구 모양일 것으로 생각하고 있었다. 그는 시에네(현재의 아스완)에서 하지에 태양빛이 우물의 바닥까지 닿는다(그림자가 생기지 않는다)는 것을 전해 듣고, 태양의 남중고도가 90도라는 것을 알았으며, 알렉산드리아에서는 하지에 태양의 남중 고도가 82.8도인데, 이 차이가 시에네와 알렉산드리아의 위도의 차에 따른 것으로 여겨 실제 두 지점사이의 거리를 실측하고, 이로부터 지구의 크기를 구하였다.

$$\text{두 지점의 태양의 고도차} : \text{두 지점 사이의 거리}(l) = 360° : 2\pi R$$

그가 지구의 크기를 측정할 때, 둥근 지구와 태양 빛은 평행하게 온다는 것을 가정하였다. 그러나 에라토스테네스가 측정한 값은 현재 지구의 둘레인 40,000km보다 큰 44,000km가 나왔는데,[1] 이는 두 지점이 동일 경도상에 위치하지 않았기 때문이다. 지구는 타원모양이므로 지구의 정확한 둘레를 측정하려면 동일 경도상

1) 그 당시 거리의 단위인 스타디아를 오늘날의 단위인 m로 환산하는데 약간의 차이가 존재하여 약 40,000km~44,000km 사이에서 지구의 둘레가 결정된다.

의 두 지점을 관측해야함에도 에라토스테네스는 지구 타원체를 몰랐던 것이다. 그러나 그가 측정한 지구 크기 결정방법은 지금도 응용되고 있는 것이다[그림 1-22]. 오늘날에는 두 지점의 위도차를 북극성의 고도차를 이용하여 정확히 측정해 내고 있다[그림 1-23].

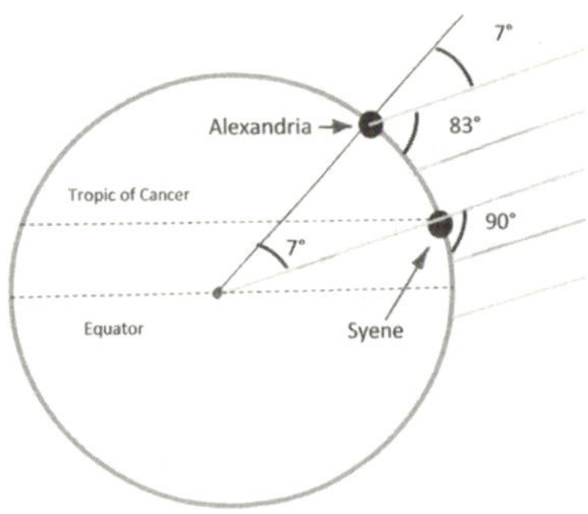

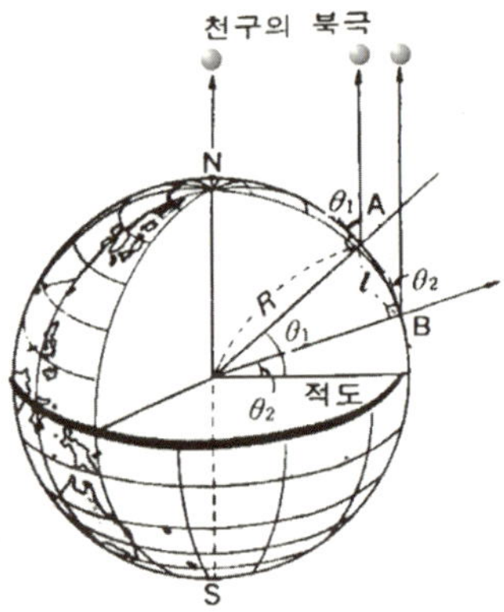

[그림 1-22] 에라토스테네스의 지구 크기 측정 [그림 1-23] 북극성을 이용한 지구 크기 측정

◆ 우리나라에 서양의 천문학이 소개된 것은 언제인가요?

우리나라는 농경문화가 발달하면서 시간의 흐름을 알기 위해 천문학이 발달했으며, 그로 인해 별자리에 대한 깊은 이해가 있었던 것으로 보인다. 고조선 시대에 고인돌에 별자리 모양을 남긴 것을 보면 내세에서도 망자(亡者)를 보호해 주길 원한 것이 아닌가 한다. 또한 고인돌이나 고구려 벽화의 별자리를 보면 중국의 그것과 다름을 알 수 있는데, 이는 우리나라에서 독자적으로 별자리를 연구하였고 천문학이 발달해 왔음을 의미하는 것이다.

고구려에서는 후에 조선시대 천상열차분야지도의 모태가 된 천문도 역시 가지고 있었으며, 이를 일본에 전해주기도 하였다. 실제 일본의 기토라 무덤 천장에는 천문도가 그려져 있는데, 주극성의 위치와 출몰성의 남방한계인 외곽원의 크기 등으로부터 추정한 관측자의 위도는 북위 39~40°로 기토라 고분의 위치가 아닌 고구려의 평양 근처의 위치에 해당한다는 것이 밝혀졌다. 그리고 이 무덤은 고구려의 천상열차분야지도와 거의 같은 시기에 만들어졌는데, 일본에서 별자리 이름에 대한 최초 언급은 무덤 완성 후 600년 후의 일이기에 고구려에서 사용하던 천문도가 전달된 것으로 보인다.

그럼 우리가 지금 배우고 있는 지구중심설(천동설)이나 태양중심설(지동설) 등 서양의 천문학은 우리나라에 언제쯤 전래된 것일까?

먼저 우리나라의 지구과학 발달사를 〈표 1-1〉에 정리해 보았다.

〈표 1-1〉 지구과학의 역사(우리나라를 중심으로)

시기 (한국)	한국	서양
고조선	B.C 3000년: 고인돌 별자리(대동강 유역) 시대 미상: 포항 신흥리 바위그림 －카시오페이아별자리 표시	B.C 1900: 쐐기문자로 피타고라스 수 기록 －(3, 4, 5),(5, 12, 13) 등 시대미상: 키디누, 태양력의 기초 마련 B.C 6~7세기: 피타고라스 학파 －지구가 원형임을 제안 B.C 3세기: 에우클레이데스 －유클리드 기하학 완성 B.C 280: 아리스타르코스 －최초로 '태양중심설' 주장. B.C 287~212: 아르키메데스 －실진법의 도입, 포물선으로 둘러싸인 도형의 넓이 계산, 원주율의 계산, 지레의 원리 규명, 유체정역학 등 정역학의 기초 마련 B.C 275~194: 에라토스테네스 －지구 크기 측정. B.C 150: 히파르코스 －세차 운동 발견, 별의 등급 정의. B.C 150: 프톨레마이오스 －'알마게스트' 저술.(수정 지구중심설) B.C 64~A.D23: 스트라본 －지표 융기 제안 A.D 1세기 초: [구장산술](중국) －음수와 분수 개념, 조립제법, 피타고라스의 정리에 대한 내용 기술 A.D 52년: (중국)지금 형태의 '혼천의' 개발 A.D 125년: 장형(중국)

시기(한국)	한국	서양
		-구를 순환하는 물의 힘을 이용하여 혼천의에 설치된 구형을 연속적으로 회전하게 하는 장치를 개발, '지동의(지진기록계)' 개발
삼국 시대	408년: 평남 남포시 덕흥리 고분 벽화 -카시오페아, 세페우스 별자리 표시 4~5세기: 무용총 별자리 -고구려의 독자적 세계관 암시 5세기 초반: 국내성 씨름무덤 -북극성 표시(고구려) 6세기: 진파리 4호분 천장 벽화(고구려) -28수 별자리 포함 633년: 첨성대 건립(신라)	4세기: (중국) 혼천의를 이용하여 천문현상을 기록하는 방법이 등장(적도좌표계 이용) 476~550: 아리아바타(인도) -[아리아바티야]출판(수학 및 천문학 서적) -행성 위치 등 계산, 삼각법의 원리 기록, sin표 작성, 지수가 큰 거듭제곱을 다루고, 알파벳을 사용하여 수를 나타냄, 아리비아수 체계 확립, 지구 자전 최초 주장, 일식과 월식의 원리 설명, 행성들의 궤도 주기와 궤도 반지름 계산 628년: 브라마굽타(인도) -중력 개념 제안, 0을 포함한 숫자 사용 635년: (중국) 태양으로 부터 멀어져 가는 혜성과 그 흔적을 관찰함.
통일 신라	-	-
고려	시대미상: 석관천문도 -북두칠성과 카시오페이아자리 표시 신종 양릉, 서삼동 벽화묘, 파주 서곡리 벽화묘 -중심부에 북두칠성과 북극삼성 표시 공민왕의 무덤 현릉 -태양, 달, 남북 두 별자리 표시	965년~1040년: 이븐 알하이삼 -[광학의 서]출판 -눈의 구조, 빛의 반사와 굴절, 렌즈, 무지개, 대기 굴절과 같은 이론들을 발표 1031년~1095년: 심괄(중국) -진북의 개념을 연구, 나침반, 혼천의, 물시계 분야의 발전 이룸, 지형 변화 과정 이론 주창 12세기: 바스카라 2세(인도) -[시단타 쉬로마니] 저술 -행성의 운동에 대한 내용과 삼각법 계산을 이용하여 구(球)에 대해 기술 12세기: (중국) 식(蝕)의 시기를 예상하는 방법을 고안, 명조 때 마테오 리치로 부터 서양의 천문학을 받아들임.

시기 (한국)	한국	서양
		1270년대: (중국) 중동에서 개발된 토크텀(Torquetum)이라는 장치의 원리를 수용한 개량된 형태의 '혼천의' 제작
조선	1395년: '천상열차분야지도(天象列次分野之圖)' 제작 세종(世宗, 1397~1450): –정인지, 정초, 이천, 장영실 등과 함께 천문 관측기구인 '간의(簡儀)', '혼천의', '혼상(渾象)', '일성정시의(日星定時儀, 1437년. 천문 기구 겸 시계)', '앙부일구', '자격루', '누호(漏壺)' 등 발명. –흠경각(欽敬閣)에 과학기구 설치 –이순지와 김담 등에 명해 주변국의 역법을 참고로 하여 역서(曆書) [칠정산(七政算) 내편]과 [칠정산외편]을 편찬 –이순지는 천문, 역법 등에 관한 책인 [제가역상집(諸家曆象集)] 편찬. 1402년: 김사형, 이무, 이회 –한반도 지도인 '혼일강리역대국도지도(混一疆理歷代國都之圖)' 제작 1438년: 문종이 최초의 '우량계' 개발. 서울 최초 우량 측정 1441년: 전국적으로 '우량계' 보급. 지방 최초 우량 측정 기록 1442년: 조선 후기까지 사용된 현재 알려진 형태의 개량 '측우기' 개발 1545년: 서경덕 –[화담집]에서 중국 송대의 세 가지 우주론 통합 논의 1557년: '조선방역지도(朝鮮方域之圖)' 제작 1603년: 이광정 –중국에서 세계지도 '구라파국여지도(救羅巴國與地圖)' 도입(지구중심설 입장) 1630년: 정두원 –중국에서 한역서학서인 [천문략(天問	1515년: 뒤러(독일) - 인쇄 성도 최초 제작 1540년: 알렉산드로 피콜로미니 –[혹성에 관하여 제1권]은 항성 도표(별자리 그림만 있는 것과 비교되는 것)의 인쇄와 별들에 글자를 넣는 체계를 도입한 최초의 서적 1588년: 조반니 파올로 갈루치 –최초의 좌표 포함 성도 제작. 1543년: 코페르니쿠스 –[천구의 회전에 관하여] 출판. 1572년: 티코브라헤 - 초신성 발견 1577년: 티코 브라헤 - 혜성 발견. 1609년: 케플러 - [신(新) 천문학] 출판 (케플러의 제 1법칙, 제 2법칙 발표) 1610년: 갈릴레이 –목성 위성 및 금성의 위상 변화 관측. 1619년: 케플러 - [우주의 조화] 출판 (케플러의 제 3법칙 발표) 1644년: 토리첼리 - '토리첼리의 정리' 발표 1651년: 파스칼- '파스칼의 원리' 발견. 1669년: 스테노 –'면각 일정의 법칙' 발견. '지층 누중의 법칙' 발표. 1671년: 뉴턴 –[급수와 유율(流率)의 방법에 관하여]에서 이항정리, 미적분학 보완 발표 –미적분학에 대한 논문은 1669년 라이프니치의 논문이 먼저 발표되었으나 이보다 먼저 정립한 뉴턴이 세상에 발표를 늦게 한 것으로 받아들이고 있음. 1684년: 뉴턴 –[프린키피아]에서 운동의 세 가지 법칙 발표

<table>
<tr><th>시기
(한국)</th><th>한국</th><th>서양</th></tr>
<tr><td></td><td>略)], '홍이포(紅夷砲)', '천리경(千里鏡)', '자명종(自鳴鐘)' 등 다수의 서양 문물 받아가지고 귀국
1631년: 장현광
-[우주설]에서 우주론 주창
1644년: 김육
-샬(Shall)이 제작한 시헌력(時憲曆) 채용
1644년: 소현세자
-샬로부터 받은 서양 과학기술문물과 한역서학서를 중국에서 갖고 귀국
1652년: 비구니 선화자
-'양산 통도사 금동천문도(梁山 通度寺 金銅天文圖)' 제작
1689년: 김석문
-[역학도해(易學圖解)]에서 지구자전설 주장
1702년: 이이명
-서양의 우주체계와 천문 등에 관심이 많았고 중국에서 가져온 천문서 등을 대중에 소개
1708년: '시헌칠정표(時憲七政表)' 제작
-태양과 달, 오행성의 운행을 정리한 역서
1721년: [역상고성(曆象考成)]
-티코브라헤 이론 수록
1740년: 이익
-티코 브라헤의 천문과학을 골자로 한 그리스도교적 서양 천문학(수정 지구 중심설) 이해, 시헌력의 선진성을 받아들임.
1742년: [역상고성후편(曆象考成後編)]
-케플러의 타원궤도이론, 카시니의 최신 관측들 수록
1742년: 김태서, 안국빈
-1723년 쾨글러가 북경에서 제작한 서구식 천문도인 '황도총성도' 가져옴</td><td>1671년: 뉴턴 - 반사망원경의 발명
1972년: 뉴턴
-빛과 색깔에 관한 논문에서 빛이 혼합광임을 주창
1675년: 카시니
-토성의 고리에서 카시니 간극 발견.
1678년: 로버트 훅 - '훅 법칙' 발견
1682년: 핼리 - 핼리 혜성 발견.
1687년: 뉴턴
-[자연철학의 수학적 원리]가 출판(만유인력의 법칙), 외계행성계의 존재 가능성 주장
1729년: 브래들리 - '광행차' 발견.
1735년: 해들리
-[일반적인 무역풍의 원인에 관하여] 발표. 지구 자전과 무역풍의 관계 설명.
1760년: 메시에 - '메시에 목록' 작성 시작.
1766년: 티티우스 -
(티티우스-보데 법칙 발견)
1772년: 보데 -
(티티우스 - 보데 법칙 발표.)
1781년: 허셜 - 천왕성 발견.
1785년: 허턴 - [지구의 이론] 출판,
(암석의 화성설 주장)
1801년: 소행성대에서 세레스 발견
1814년: 요제프 폰 프라운호퍼
-태양의 스펙트럼 관측(프라운호퍼선)
1828년: 코리올리 - '코리올리힘' 도입.
1838년: 베셀
-백조자리 61번 별의 '연주시차' 측정.
1842년: 크리스티안 요한 도플러
-'도플러효과' 발표
1846년: 해왕성 발견
1851년: 푸코
-'푸코진자'를 이용하여 지구 자전 증명.
1856년: 포그슨 - '포그슨 방정식' 창안.</td></tr>
</table>

시기 (한국)	한국	서양
	1742년: '신법천문도' 제작(서양천문도 기반) 홍대용(1731~1783): 수학관련 서적[주해수용(籌解需用)] 완성, 태양중심설(지동설)과 무한 우주론 수용 1757년: '조선전도' 제작 1785년: '간평혼개일구' 제작 1789년: 김영 －'적도경위의', '지평일구' 제작 1861년: 김정호 '대동여지도' 제작 1770년: 서호수 －채제공, 홍봉한, 서명응 등과 함께 조선시대 최고의 백과사전 [동국문헌비고] 편찬 시, 천문학 분야의 [상위고] 집필 －내용: 고대 이래 조선에서의 역상의 연혁, 우주의 형체와 구조에 대한 역대 이론들, 천체 운행에 대한 천문학 이론, 중요한 천문학의 상수 등 수록 1818년: 바실 홀(Basil Hall) －[한국 서해안 및 류큐 제도 발견 여행담]을 통해 한국지질 관련 최초 연구논문 발표. 1857년: 최한기(1803~1879) －[지구전요]에서 지구 공전 주장, 뉴튼 역학 이해. －1858년 중국에서 번역된 윌리엄 허셜(W. Herschel)의 천문학 서적을 1860년초 입수 후 탐독한 뒤 1867년 허셜의 책들의 요점을 발췌하고, 자신의 의견을 간략하게 첨가한 [성가운화]라는 책을 펴내면서 서양의 천문학을 국내에 본격적으로 소개함. －1836년의 [추축론]과 [신기통]을 써 서양의 물리학을 소개함. 1859년: 남병철 －[의기집설]에서 서구식 관측기구인 '간평의', '혼개통헌의' 분석	1858년: 프랫 - 지각평형설 주장. 1875년: 페렐 - 대기 대순환 연구. 1879년: 슈테판 - '슈테판-볼츠만 법칙' 제안.(5년 뒤 볼츠만에 의해 증명) 1885년: 에어리 - 지각평형설 주장. 1898년: 보르 - 성층권 발견.

시기 (한국)	한국	서양
	1886년: 고체(Gottsche), 최초의 한국 지질도 작성	
근현대	1904년: 최초 임시 기상관측소 설치 1910년: 한국광상조사 보고서 1호 작성 (대한제국 농상공부광무국에서 발행) 1918년: 한국지질자원연구원 설립 1949년: 국립중앙관상대(현 기상청) 설치 1959년: 국립해양조사원 전신인 해군본부 수로과 창설 1973년: 해양개발연구소 설립 1978년: 국립 소백산천문대 준공 1985년: 대덕전파천문대 준공 1992년: 최초의 인공위성 '우리별 1호'발사 1996년: 보현산천문대 준공 2009년: 세계 최대 25m 거대 마젤란 망원경(GMT) 건설 참가 2013년: 최초의 우주발사체 '나로호' 발사 성공	1905년: 에크만 - '에크만 수송' 발견. 1905년: 아인슈타인 –'광전효과', '특수상대성이론' 등 발표 1908년: 클라크 - 지각 원소 함량 측정. 1909년: 모호로비치치 –모호로비치치 불연속면 발견. 1910년: 비야크네스 –[기상역학 및 해양역학] 출간 1911년: 헤르츠스프룽 - 'H-R도' 창안. 1913년: 러셀 –헤르츠스프룽과 독립적으로 'H-R도' 창안. 1913~1914년: 섀플리 –쌍성의 측정 체계 확립. 1914년: 프랭클린-애덤스 –[프랭클린-애덤스 성도]제작 –사진성도 1915년: 베게너 –[대륙과 대양의 기원]을 통해 대륙 이동설 제안. 1915년: 아인슈타인 –'일반상대성이론' 완성 1915년: 보웬 - '보웬의 반응원리' 제안. 1919년: 구텐베르크 –구텐베르크 불연속면 발견. 1920년: 사하 - '사하방정식' 창안. 1924년: 에딩턴 –별의 '질량 - 광도 관계' 발견 1929년: 허블 - '허블의 법칙' 제안. 1929년: 홈스 - '맨틀 대류설' 제안. 1930년: 슈미트 - 슈미트 카메라 제작. 1930년: 국제천문연맹, 별자리들의 경계결정. 1930년: 톰보 - 명왕성 발견 1950년: 오르트 - '오르트 구름' 발견. 1951년: 카이퍼

시기 (한국)	한국	서양
		–명왕성 바깥에 또 다른 소행성의 존재 예측(1992년 최초 확인) 1952년: 베니오프 - '베니오프대' 발견. 1956년: 가모프 - '빅뱅 이론' 제안. 1958년: 밴 앨런 - '밴 앨런대' 발견. 1960년: 헤스 - '해저 확장설' 제안 1964년: 아노 펜지어스, 로버트 윌슨 –'우주 배경 복사'를 발견 1990년대: 지진파 토모그래피 분석으로 '플룸 구조론' 제안. 1992년: 볼시찬, 프레일 –외계암석행성 존재 최초 검증 2006년: 명왕성, 행성에서 퇴출 (왜소행성으로 명명)

서양의 과학은 지금부터 약 500년 전쯤부터 급속히 발전하면서 실크로드를 타고 중국으로 퍼지게 된다. 이 때 중국에 서양의 학문을 전달해준 사람들은 주로 선교사들이었는데, 이들 중 일부는 다방면에 많은 지식을 갖고 있었던 듯 보인다. 일례로 소현세자가 청나라의 인질로 중국 심양에 있을 때 돈독한 우정관계를 형성했던 아담 샬(Adam Schall) 역시 선교 목적으로 중국에 들어온 사람이었는데, 이 둘은 학문뿐 아니라 여러 방면에서 대화하고, 교류를 했다. 그는 소현세자(1612~1645)가 귀국길에 오를 때, 천문학 및 산학 관련 서적과 신학서적, 지구의, 천주상 등을 보내기도 하였다.

소현세자가 귀국하던 17세기 초반의 조선은 실학에 눈을 뜨던 시기였다. 실학은 북경을 왕래하던 사절단들에 의해 서양의 문물과 학문이 우리나라에 들어오면서 본격적으로 꽃피우게된 학문으로, 소현세자의 귀국으로 많은 발전을 하게 된다. 이 시기를 즈음하여 지구중심설(천동설) 등 서양의 과학이론과 과학기기들이 우리나라에 소개되기 시작했으며, 1689년에 김석문이 지구자전설을 주장한 것으로 볼 때, 이미 17세기 초·중반에 지구의 자전과 공전에 대한 개념 등도 같이 유입되었던 것으로 보인다.

지구의 모양에 관한 실험

재미있는 탐구활동(항구로 들어오는 배가 돛부터 보임)

준비물 작은 종이배, 농구공

실험과정

1. 다음은 배가 항구에서 먼 바다로 나가는 모습을 차례로 나타낸 것입니다. 배가 항구로부터 멀어지면서 모습이 어떻게 달라졌는지 관찰하여 봅시다.

2. 배의 모습이 달라진 까닭을 설명하여 봅시다.

3. 농구공과 책상 위에 종이배를 각각 올려놓고, 종이배를 천천히 밀거나 당기면서 달라지는 종이배의 모습을 관찰하여 봅시다.

4. 농구공과 책상 위에서 종이배의 움직이는 모습이 서로 다르게 보이는 까닭을 설명하여 봅시다.

재미있는 탐구활동(마젤란의 세계 일주)

준비물 테두리가 없는 지구의, 자석인형, 세계지도

실험과정 1. 마젤란의 탐험대가 세계 일주를 한 길을 살펴봅시다.

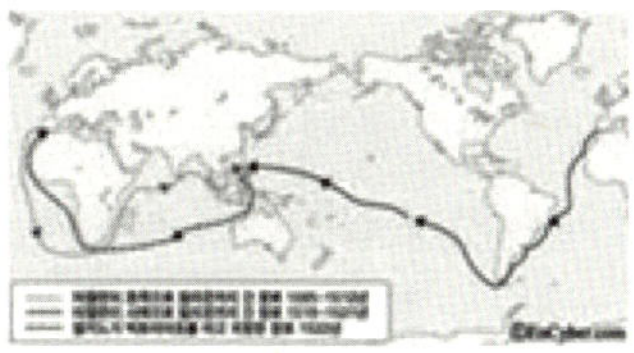

2. 자석 인형을 이용하여 항로를 따라가 봅시다.

3. 마젤란의 세계 일주를 통해서 알 수 있는 사실을 말해 봅시다.

재미있는 탐구활동(월식 때 달에 비친 지구의 그림자가 둥글어!)

준비물 전등, 지구, 달을 나타내는 작은 구 모형

실험과정 1. 전등, 지구, 달모형을 차례대로 놓고, 전등에 비친 지구의 그림자가 달에 비추도록 합니다.

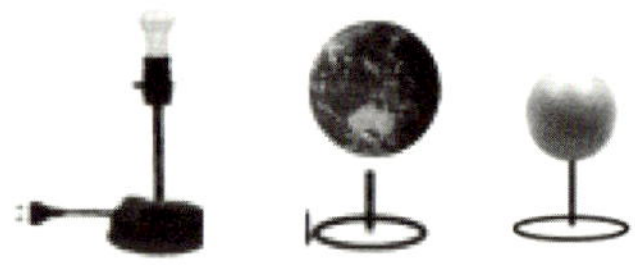

2. 그림자는 어떤 모양인가?

재미있는 탐구활동(동일한 경도에 따른 그림자의 길이가 다름)

준비물 테두리가 없는 지구의, 사람 모형, 네모 스티로폼, 전등

실험과정 1. 테 없는 지구의 위 같은 경도 위에 있는 3곳의 나라를 선정한 후에 사람모형을 수직으로 세운다. 그리고 전등으로 지구의을 비춘다.

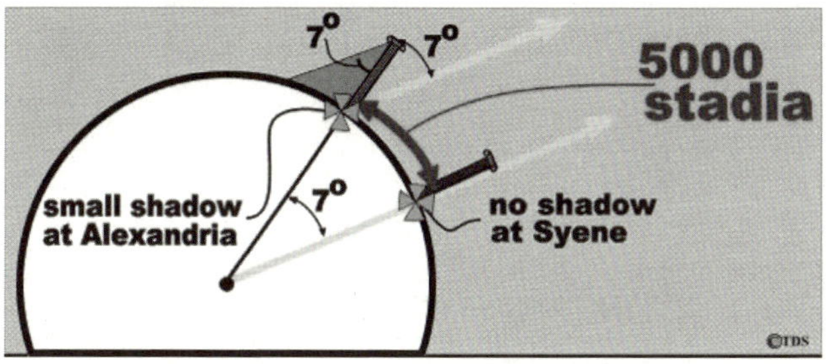

사각형 스티로폼

2. 각 나라의 그림자의 길이를 측정한다.

3. 사각형 스티로폼 위에서 3곳을 선정한 후 사람모형을 수직으로 세우고, 전등을 비추어 그림자의 길이를 측정한다.

4. 그림자의 길이를 비교해보고, 그 이유를 찾아보자.

재미있는 탐구활동(높은 곳에 올라가면 더 많이 보임)

준비물 4절 도화지, 건물모형, 사람모형, 구조물 모형, 셀로판지, 철사, 가위, 테이프, 각도기

실험과정 1. 건물모형 위 사람모형을 설치하고 시야를 측정한다.

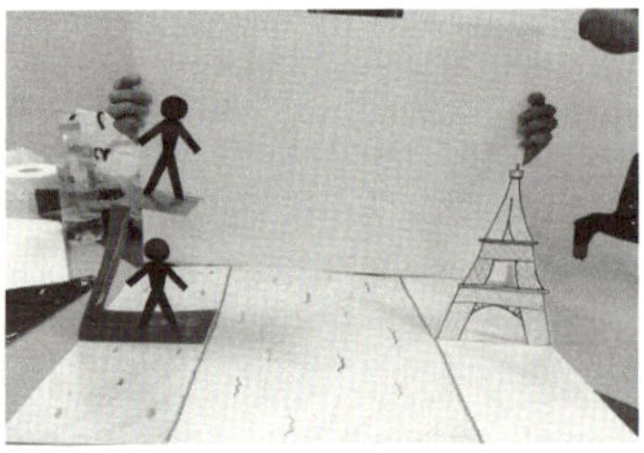

2. 종이를 구부린 후에 위,아래 사람의 시야를 측정합니다.

3. 평평한 지면과 구부린 지면의 시야를 비교해봅시다.

4. 그 이유를 생각해봅시다.

재미있는 탐구활동(그림자가 없는 곳은?)

준비물 테두리가 없는 지구의, 평평한 세계지도, 압정, 양면테이프, 가위, 자, 맑은 날씨

실험과정 1. 맑은 날, 지구의에 그림자가 생기지 않는 곳에 압정을 붙인다. 그곳은 태양이 그 시간 머리 위에 있는 곳이다.

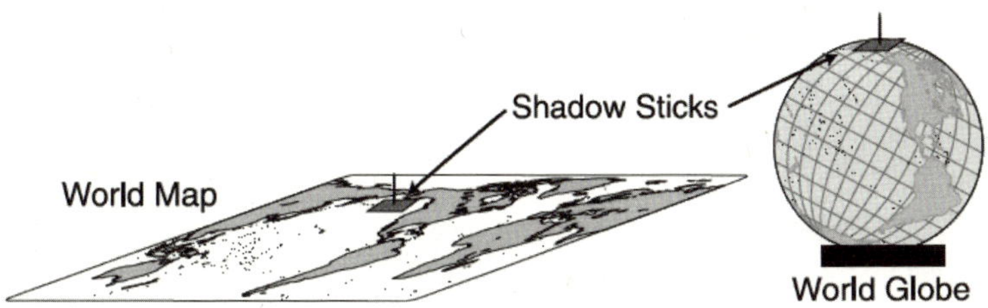

2. 같은 장소를 세계 지도에서 찾고, 그림자를 비교해 본다.

3. 세계지도에서 그림자가 없는 곳을 찾아보자. 그림자가 없는 곳이 없다면, 그 이유가 무엇인지 설명해보자.

재미있는 탐구활동(남반구와 북반구에서 달을 본다면 그 차이점은?)

준비물 테두리가 없는 지구의, 사람인형, 달 모형

실험과정 1. 테두리가 없는 지구의 위에서 사람인형을 올리고, 달 모형을 설치합니다.

2. 북반구에서 상현달일 때, 남반구는 어떤 달의 모양을 관찰할 수 있나요?

3. 그 이유를 그림으로 그려 설명하시오.

재미있는 탐구활동(남반구와 북반구에서 태양의 움직임은?)

준비물 테두리가 없는 지구의, 사람인형, 전구

실험과정

1. 테두리가 없는 지구의에 사람인형을 올리고, 지구의 앞에 전구를 설치합니다.

2. 지구의을 움직이면서 전구의 움직임을 확인합니다.

3. 그 이유를 그림을 그려 설명하시오.

재미있는 탐구활동(북반구와 남반구에서 그림자의 방향은?)

준비물 테두리가 없는 지구의, 사람인형, 전구

실험과정

1. 테두리가 없는 지구의 위에서 북반구, 남반구에 사람인형을 올리고, 지구의 앞에 전구를 설치합니다.

2. 지구의를 서에서 동쪽(반시계 방향)으로 돌리면서 그림자를 관찰합니다.

3. 북반구와 남반구에서는 그림자가 어떠한 방향으로 향하나요?

4. 그 이유를 그림을 그려 설명하시오.

재미있는 탐구활동(내각의 크기가 90°인 삼각형)

준비물 종이, 펜, 테두리가 없는 지구의, 사람인형 2개, 지워지는 마카, 자

실험과정

1. 종이에 볼펜으로 5cm의 직선을 그리고, 양 끝에 90도 각도로 7cm 직선을 그린다.

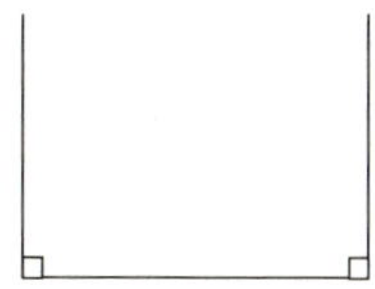

2. 테 없는 지구의 위에 5cm의 직선을 마카로 그리고, 양 끝각에 사람 인형을 올려둡니다.

3. 사람인형을 올린 양 끝각에서 90도 각도로 7cm 직선을 그립니다.

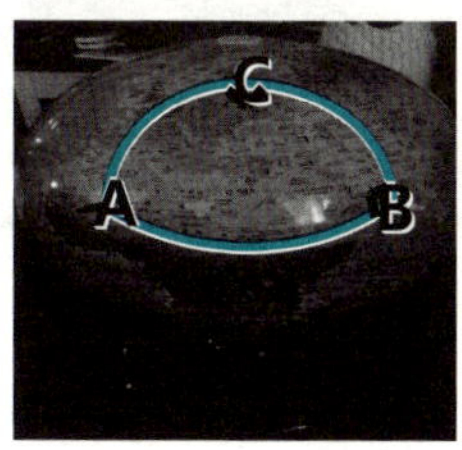

4. 두 개의 차이점을 친구들과 이야기해봅시다.

재미있는 탐구활동(해가 뜨는 시각은?)

준비물 전등, 테두리가 없는 지구의, 아래가 둥근 반구

실험과정 1. 우리는 지역에 따라 해가 뜨는 시간이 모두 다름을 안다.

2. 지구의과 아래가 둥근 반구를 반시계 방향(자전방향)으로 돌려본다.

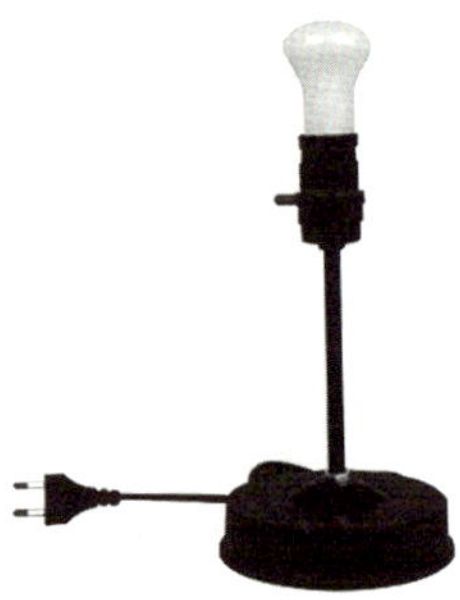

3. 지역에 따라 해가 뜨는 시간이 왜 다른지 생각해 본다.

재미있는 탐구활동(태양의 일주운동 궤도)

준비물 전등, 테두리가 없는 지구의, 아래가 둥근 반구, 휴대폰 2대

실험과정 1. 휴대폰 카메라 동영상을 켜놓고 지구의 북반구에 고정시킨다.

2. 동영상 녹화를 시작하고 지구의을 반시계 방향으로 한 바퀴 돌린 뒤 녹화를 정지한다.
3. 휴대폰 카메라 동영상을 켜놓고 반구 위에 고정시킨다.

4. 동영상 녹화를 시작하고 반구를 반시계 방향으로 한 바퀴 돌린 뒤 녹화를 정지한다.
5. 녹화된 동영상을 비교하고 태양의 일주운동 궤도가 직선이 아닌 이유를 생각해본다.

재미있는 탐구활동(북극성의 고도와 태양의 고도)

준비물 테두리가 없는 지구의, 종이판지, 관측자 인형 3개

실험과정 1. 테 없는 지구의 위에 인형 3개를 올려둡니다.

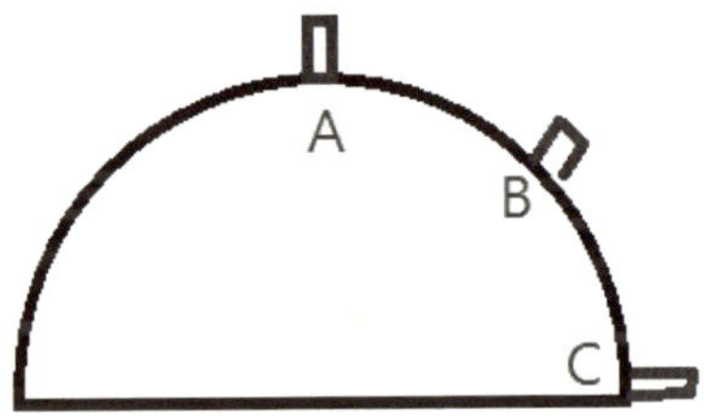

2. 편편한 종이판자 위에 인형 3개를 올려둡니다.

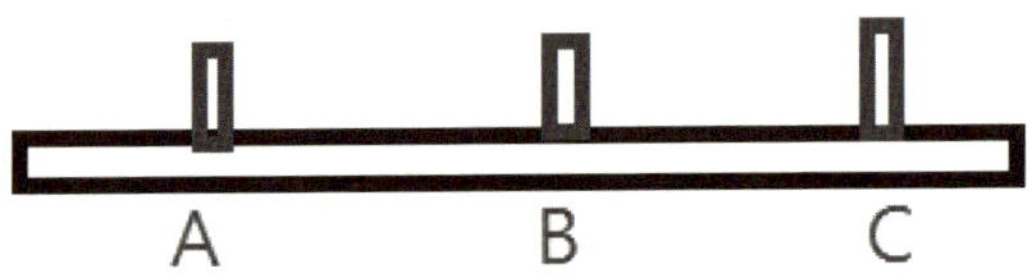

3. 관측자를 세운 반구와 종이 판지를 태양빛(평행광)에 놓고, 관측자 A, B, C의 각 위치에서의 태양의 고도를 측정한다.

4. 그 이유를 생각해봅시다.

재미있는 탐구활동(지구의 크기 측정)

준비물 테 없는 지구의, 고무빨판, 레이저 빔(레이저 포인터), 막대(대, 소), 각도기, 줄자

실험과정 1. 실험을 해봅시다.

① 아래의 그림처럼 실험 기구를 장치하자.

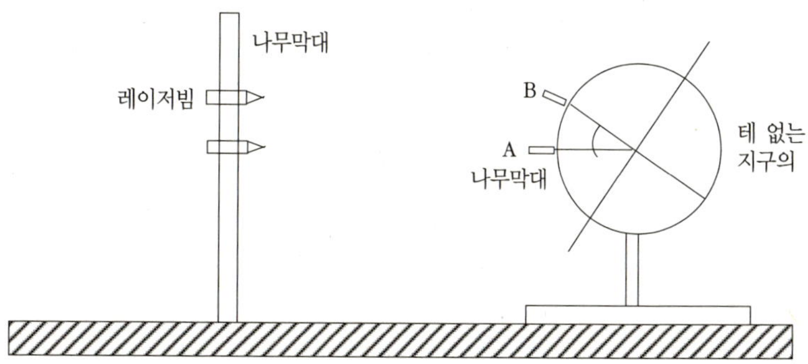

② 동일한 경도상의 두 지점 A, B를 선택한다.

③ B에 각도기를 설치한다.

④ A는 수직으로 레이저빔을 쏘고, B는 레이저빔을 쏘아 레이저빔과 나무막대가 이루는 각을 측정한다.

⑤ 두 지점사이의 거리(l)를 줄자로 잰다.

⑥ B와 레이저빔의 각도를 잰 값(ϕ)과 두 지점사이의 거리를 이용하여 아래의 식으로 지 구의 크기(r)를 측정한다.

$$\phi : l = 360° : 2\pi r$$

2. 결과는 어떻게 나오는가?

① B와 레이저빔이 이루는 각은?

② 두 지점사이의 거리는?

③ 이렇게 해서 측정한 지구의 반지름은 얼마가 나오는가?

④ 동일 경도상의 두 지점을 선택하는 이유는?

⑤ 실험시 유의사항은 어떤 것들이 있겠는가?

지구의 자전 실험

재미있는 탐구활동(푸코의 진자운동)

준비물 빨대 6개, 클립 12개, 고무찰흙, 실, 테두리 없는 지구의

실험과정 1. 빨대 6개의 양쪽에 각각 클립을 꽂는다.

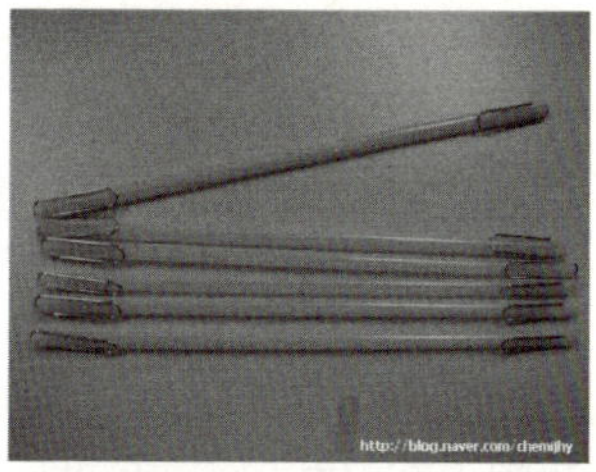

2. 사면체의 꼭짓점이 될 부분을 클립끼리 끼워서 연결한다. 이때 클립 세 개가 각각 서로를 지탱할 수 있도록 주의하며 연결한다.

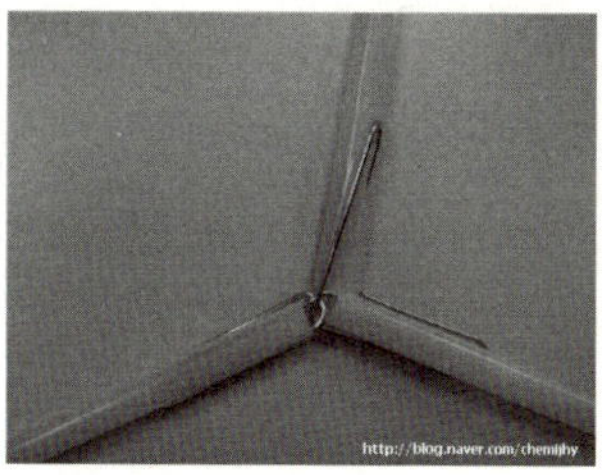

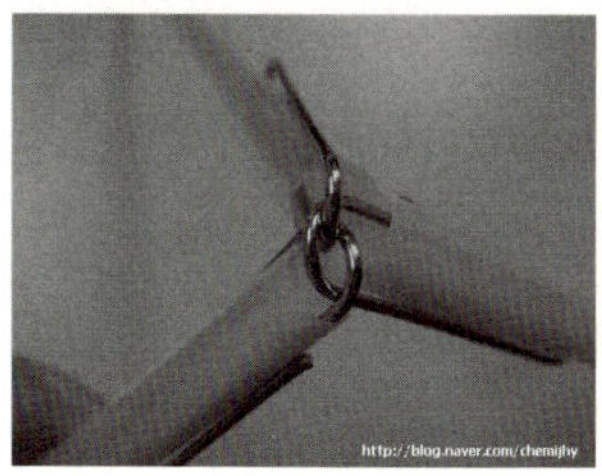

3. 다른 빨대들도 같은 방법으로 연결하여 다음과 같은 사면체 모양의 지지대를 만든다. 이때, 사면체의 밑면에 기준선을 더 만들어주면 추의 진동면이 움직이는 것을 보다 쉽게 알 수 있다. (혹은 이후에 회전판에 기준선을 직접 그릴 수도 있다.)

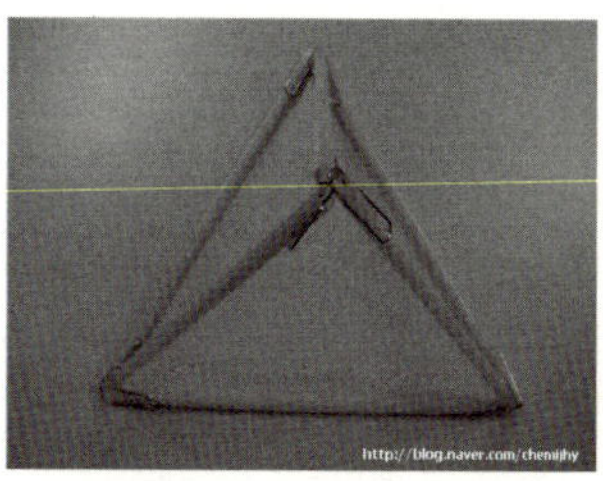

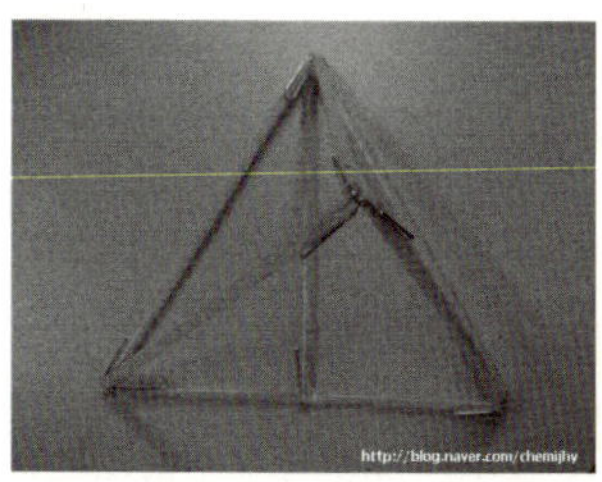

4. 금속 추의 역할로 고무찰흙 두 개 정도를 뭉친 뒤, 실로 묶는다.

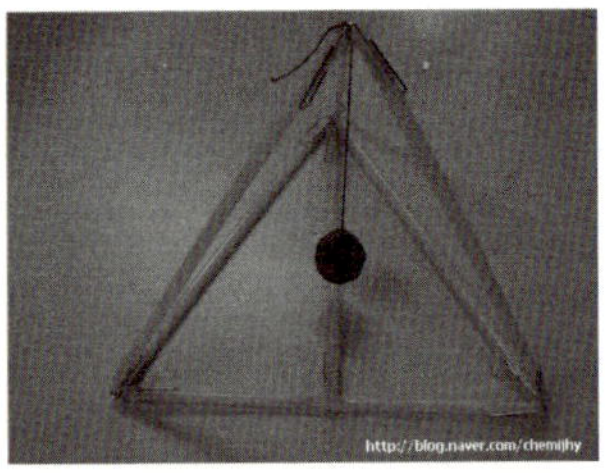

5. 마지막으로 추를 지지대에 매달아 완성한다.

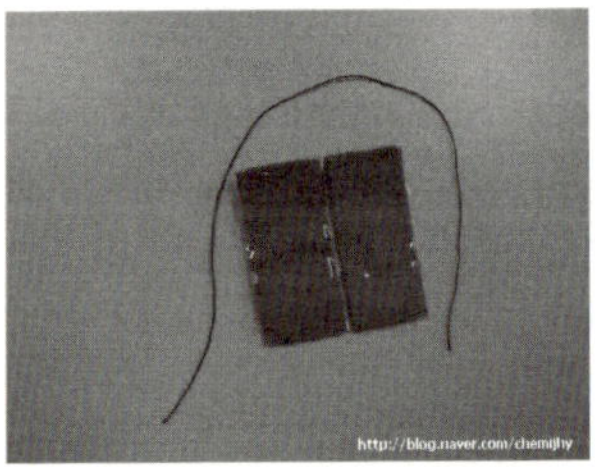

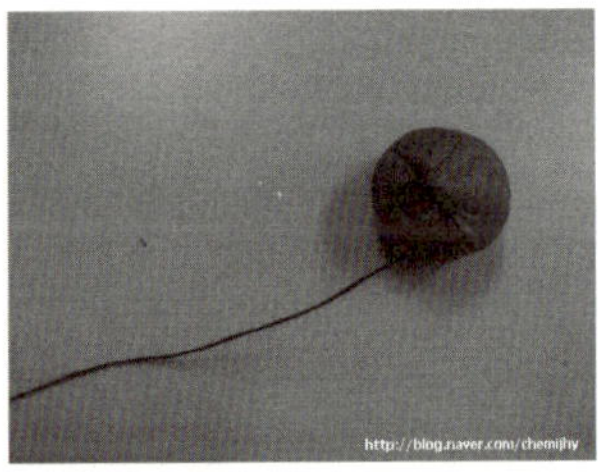

6. 간이 푸코 진자를 테 없는 지구의 (극지방)위에 올린 후, 지구의을 서서히 반시계방향으로 돌리면서 진동면이 기준선과 비교하여 어떻게 변하는지 관찰한다.

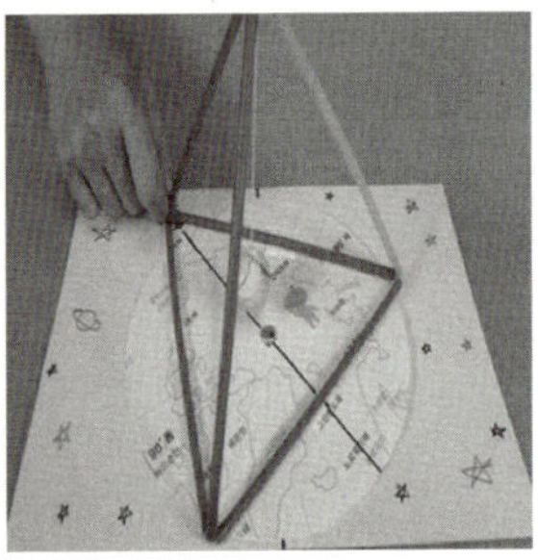

7. 지구의의 중위도, 적도 지방에 두면 실험이 불가능함(실제 지구의 중력 때문에 옆으로 추가 떨어짐)
진동면이 어떻게 변하게 될지 예상해 봅시다.

8. 그 이유를 이야기해봅시다.

재미있는 탐구활동(태양의 움직임)

준비물 전등, 테 없는 지구의, 소형카메라

실험과정 1. 전등, 테 없는 지구의을 두고, 지구의 앞에 소형카메라를 붙입니다.

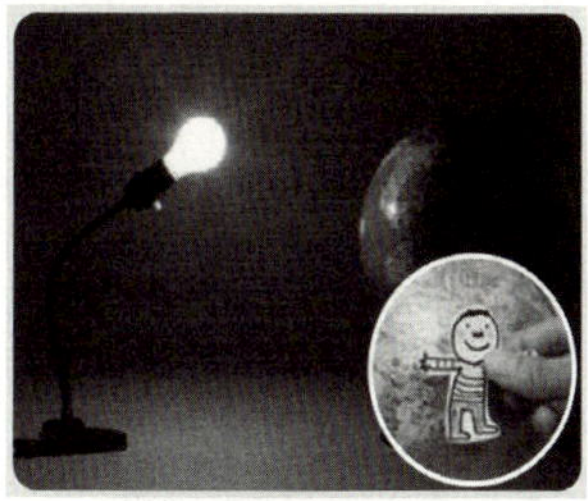

2. 지구의을 돌리면서 카메라로 녹화를 합니다.

3. 녹화된 영상을 보면서 전등이 움직인 방향을 확인합니다.

4. 그 이유를 생각해봅시다.

재미있는 탐구활동(달의 움직임)

준비물 기록지, 자, 시계, 펜

실험과정 1. 음력 15일에 평지로 나와서 달을 관찰합니다.

2. 각 시간마다 달의 위치를 기록지에 정리합니다.

3. 달은 어떻게 이동하는 것처럼 보입니까?

4. 그 이유를 설명하여 봅시다.

재미있는 탐구활동(태양의 위치변화)

준비물 접시, 찰흙, 자, 펜, 연필

실험과정 1. 그릇 중앙에 찰흙을 뭉쳐서 붙이고, 연필을 붙입니다.

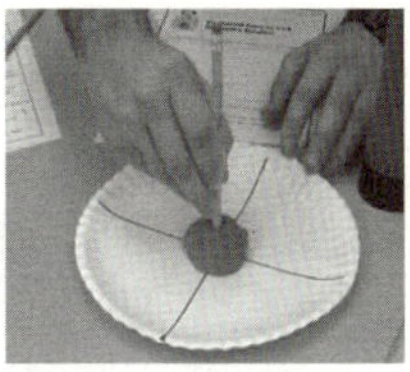

2. 태양에 위치를 매 시간 마다 측정합니다.

3. 태양의 위치가 어느 방향으로 움직였는지 확인해 봅시다.

4. 태양의 위치가 바뀌는 이유를 설명해봅시다.

재미있는 탐구활동(낮과 밤)

준비물 테두리가 없는 지구의, 자석 인형, 갓 없는 전기스탠드

실험과정

1. 갓 없는 전기스탠드는 태양, 지구의는 지구, 자석인형은 지구에서 태양을 보고 있는 사람의 역할을 합니다.

2. 전기스탠드와 지구의 사이의 거리는 약 30cm가 되게 합니다.

3. 지구의의 우리나라 위치에 자석 인형을 붙입니다. 이때 자전 방향을 생각하면서 자석 인형의 얼굴이 태양 빛을 받도록 붙입니다.

4. 지구의 자전 방향을 생각하며 우리나라를 중심으로 하여 동서 방향을 확인합니다.

5. 전기스탠드를 켠 다음에 지구의를 회전하면서 우리나라가 낮일 때와 밤일 때의 위치를 확인합니다.

6. 우리나라에서 낮이 시작될 때와 밤이 시작될 때의 위치를 확인합니다.

3 지구의의 우리나라 위치에 자석 인형을 붙입니다. 이때 자전 방향을 생각하면서 자석 인형의 얼굴이 태양 빛을 받도록 붙입니다.

▼ 우리나라가 낮일 때의 위치

▼ 우리나라가 밤일 때의 위치

재미있는 탐구활동(코리올리효과)

준비물 회전 판, 먹지, 구슬, 종이

실험과정 1. 회전 판을 준비합니다.

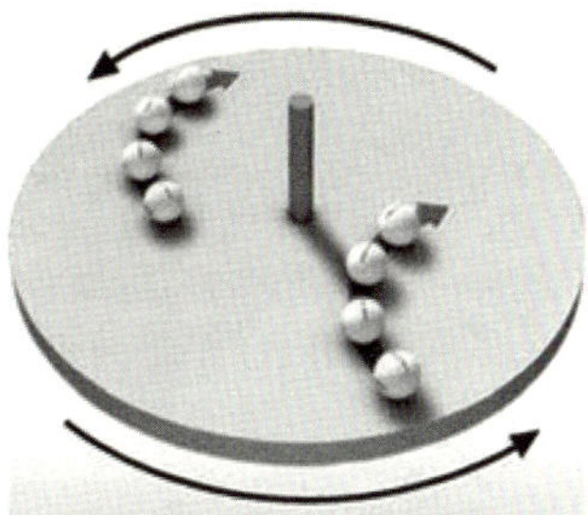

2. 회전판 위에 먹지와 종이를 올려 둡니다.

3. 회전판 위에 구슬을 올려놓고, 구슬을 가운데로 향하게 보냅니다.

4. 회전판 위에 구슬을 올려놓고, 회전판을 반시계 방향으로 돌리면서 구슬이 가운데로 향하게 보냅니다.

5. 2.3번에서 차이점이 무엇입니까?

6. 그 이유을 생각해봅시다..

재미있는 탐구활동(위도에 따른 태양의 남중 고도 변화)

준비물 테두리 없는 지구의, 태양 고도 측정판, 전구

실험과정 1. 실험을 해 봅시다.

① 오른쪽 그림처럼 실험 기구를 만든다.

② 전구는 상하로 움직일 수 있는 것을 사용한다.

③ 태양 고도 측정 판의 위치를 적도, 북위 30°, 북위 60°인 지점에 각각 위치시키면서 고도를 측정한다.

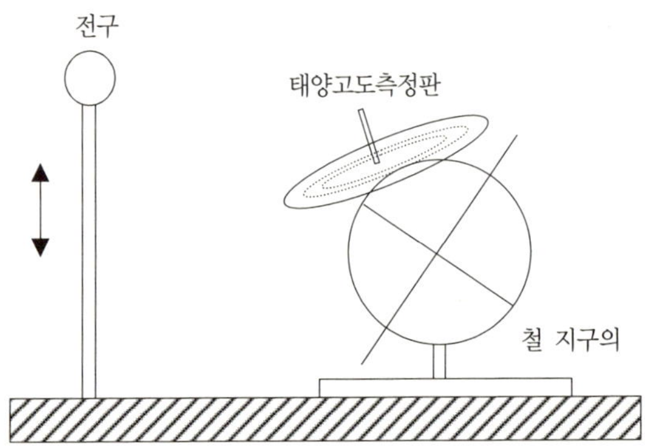

2. 결과는 어떻게 나오는가?

① 위의 세 지점에서 측정한 태양의 남중 고도는?

위도	적도	북위 30°	북위 60°
태양의 남중 고도			

② 그림과 같이 실험 기구를 놓았을 때는 북반구는 어느 계절에 해당하는가?

③ 위의 결과로써 알 수 있는 사실은?

④ 실험시 유의 사항은?

재미있는 탐구활동(별의 일주운동 1)

준비물 기록지, 자, 각도기

실험과정 1. 저녁에 평지에 앉아서 북극성, 북두칠성, 카시오페이아를 찾은 후에 기록지에 그려봅시다.

2. 3시간 후에 동일한 자리에서 북극성, 북두칠성, 카시오페이아의 위치를 기록지에 그려봅시다.

3. 왜 그런지 이야기해봅시다.

재미있는 탐구활동(별의 일주운동 2)

준비물 카메라, 삼각대, 성도 및 랜턴

실험과정 1. 아래의 방법에 의해 실험해보자.

① 관측하고자 하는 곳을 정하고 카메라를 삼각대에 고정시킨 상태로 설치하자.

② 카메라의 노출을 B에 고정시키고, 릴리즈를 이용하여 셔터에 고정시킨다.

③ 노출시간을 한 시간 이상으로 하여 사진을 찍어보자.

④ 사진을 찍었을 때, 반드시 관측일지에 기록하는 습관을 기르자.

⑤ 동 · 서 · 남 · 북 방향으로 카메라를 고정시켜 각각 일주운동을 찍어보자.

2. 위의 결과는 어떻게 나오는가?

① 별의 일주운동 사진을 [그림 1-6]과 비교해 보자.

② 북극성은 일주운동을 하리라고 예상하는가?

※ 별의 일주운동을 사진 촬영할 때에는 건물이나 나무등도 함께 찍어야 한다. 이는 방향을 명확히 알기 위함이다.

재미있는 탐구활동(지구의 자전에 따른 천구상의 위치 변화)

준비물 테두리 없는 지구의, 투명반구(소형), 사람모형(소형), 필기구, 자석, 아크릴 판

실험과정 1. 실험을 해봅시다.

① 투명 반구를 아크릴 판에 고정시키고, 투명 반구 중심에 사람을 위치시킨 후 아크릴 판 중앙에 자석을 붙인다.

② 펜(보드마커 등)을 투명 반구에 가져다대고, 지구를 자전시키면서 나타나는 궤적을 관찰한다.

③ 위치를 다양하게 변화시키면서 관찰해 본다(예, 적도, 남위 30°, 북위 30°, 북위 60°)

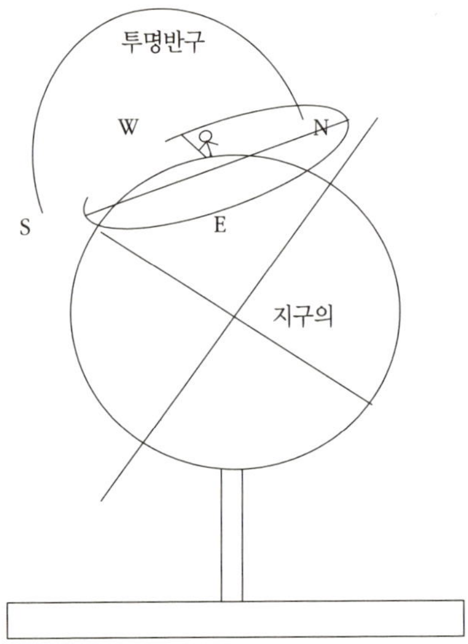

2. 결과는 어떻게 나오는가?

① 투명 반구 위에 천구의 북극과 적도를 각각 표시해 보자. 단, 남반구의 경우 천구의 남극과 적도를 표시해 보자.

② 북위 30°에서 나오는 궤적을 [그림 1-6]의 결과와 비교해 보자.

③ 적도와 북위 60°의 궤적을 [그림 1-6]과 비교해 보자.

④ 남위 30°인 지역의 일주 운동 궤적을 예상하여 그려보자.

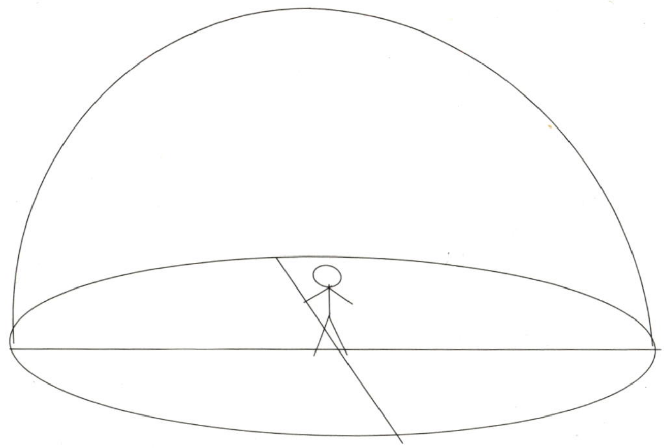

⑤ 실험 장치를 통해 나타난 모양과 ③에서 예측한 모양과 비교해 보자. 단, 방향을 주의하자.

⑥ 이 실험 장치를 통해 어떤 것을 더 할 수 있을까 생각해 보자.

재미있는 탐구활동(지구의 자전)

준비물 테두리 없는 지구의, 자석이 부착된 사람 인형, 철사, 스티로폼 인공위성 모형

실험과정 1. 실험을 해 봅시다.

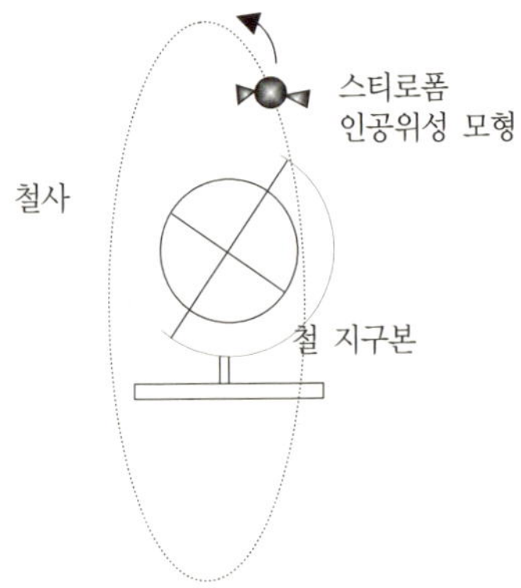

① 철 지구본에 사람 인형을 부착시키고, 스티로폼으로 된 인공위성 모형을 철사에 끼우고 철사를 둥글게 만든다.

② 철사의 위치를 한 방향으로 고정한 후, 한 사람이 스티로폼 인공위성을 회전시킨다.

③ 한 사람은 지구본을 지구의 자전 방향으로 돌려가면서 스티로폼 인공위성이 어느 방향으로 어떻게 이동해 가는 것처럼 보이는지 관찰한다.

④ 인형을 고정시켜 놓고, 동・서・남・북 방향을 결정한다.

2. 결과는 어떻게 나오는가?

① 인공위성은 어느 방향으로 이동해 가는 것처럼 보이는가?

② 이 위성은 인공 위성의 종류 중 어느 것인가(극궤도, 정지위성 중)? 또한 그 이유는?

③ 인공위성이 보이는 위치의 변화를 꼭 지구의 자전으로만 설명이 가능한가? 자신의 생각을 쓰고, 그 이유를 써보자.

④ 지구 자전의 현상과 증거를 각각 써보자.

지구 자전의 현상	
지구 자전의 증거	

지구공전실험

재미있는 탐구활동(연주시차)

준비물 하드보드지, 색연필, 스티커, 철사, 검은 도화지, A4용지

실험과정

1. 하드보드지 중앙에 태양을 그립니다. 그 위에 지구가 태양주위를 돌고 있는 공전궤도를 그리고, 그 위에 공전궤도에 맞도록 철사를 세운다.

2. 공전궤도 앞에 별모형을 만들어서 철사로 고정하여 세운다.

3. 별 모양 앞에 검은 도화지(천구면)를 세운다.

4. 지구모형을 그린 후에 양쪽 철사로 고정한다.

5. 지구 공전 궤도면에 A,B지점을 정한 후에 지구모형을 A에 걸어둔다.

6. A에 있는 관측자가 별을 볼때 천구면에 어떻게 보이는지 스티커로 붙여보자.

7. 지구가 B로 공전할 때, B점에서 별을 관측한 위치를 천구면에 스티커로 붙여보자.

8. 그 차이가 왜 생기는지 이야기해보자.

재미있는 탐구활동(광행차)

준비물 펜

실험과정

1. 다음은 지구가 태양을 공전하는 그림이며, 지구로 들어오는 별빛의 방향은 C이고, 공전속도는 V이다.

2. 지구 A지점에서 별빛이 들어오는 방향과 B지점에서 별빛이 들어오는 방향을 점선으로 그려보자.

3. A지점에서 별빛이 들어오는 방향과 B지점에서 별빛이 들어오는 방향이 달라집니다. 왜 이러한 차이가 생기는지 이야기해보자.

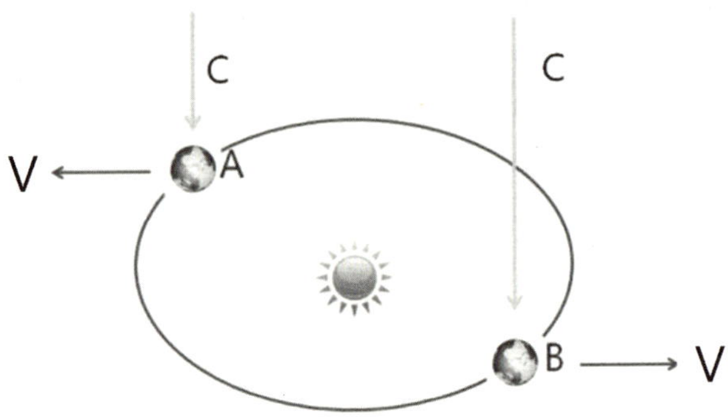

4. 빛의 실제방향과 겉보기 방향이 이루는 각도를 θ라고 했을 때, C,V, θ와의 관계를 식으로 나타내 보자.

재미있는 탐구활동(별빛스펙트럼의 연주변화)

준비물 스펙트럼 측정기, 기록지, 펜

실험과정 1. 봄, 여름, 가을, 겨울에 태양의 스펙트럼을 관찰해보자.

2. 관찰한 결과를 기록지에 적어둔다.

3. 차이점을 찾아보고 그 이유를 그림으로 설명해 보자.

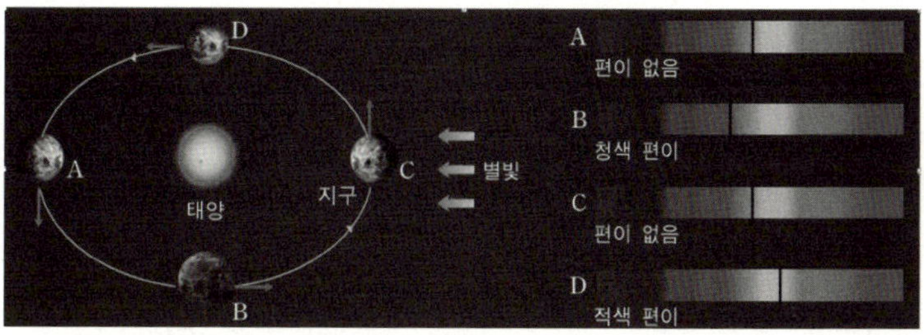

재미있는 탐구활동(태양의 연주운동)

준비물 펜

실험과정 1. 다음은 지구가 태양을 공전하는 그림이며, 이를 황도 12궁이 둘러싸고 있다.

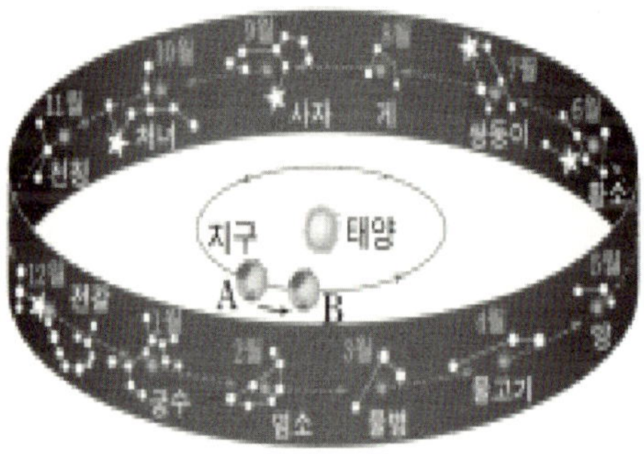

2. 지구가 A지점에 있을 때 태양은 황도 12궁의 어느 별자리 사이에 있는지 그려보자.

3. 지구가 B지점에 있을 때 태양이 황도 12궁의 어느 별자리 사이에 있는지 그려보자.

재미있는 탐구활동(계절별 별자리)

준비물 스티로폼 공, 실, 4계절 별자리

실험과정

1. 교실 천장에 실로 스티로폼 공(태양)을 매단다.

2. 교실의 4개의 모서리에 각 계절 별자리 사진을 붙여둔다.

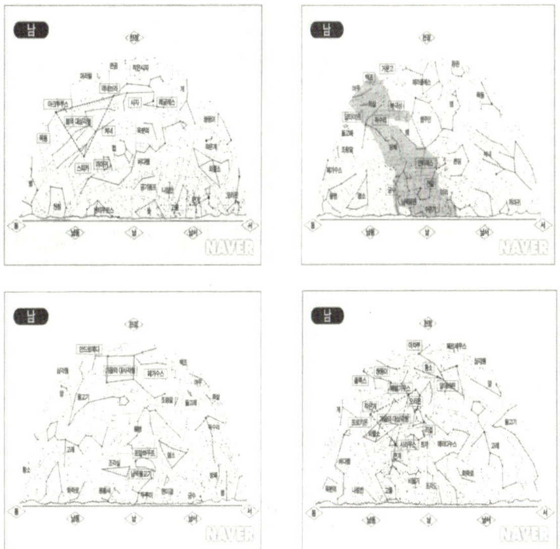

3. 사람이 태양 주위를 공전한다고 했을 때 각각의 별자리는 어떻게 보이는가?

4. 다른 별자리가 보이는 이유를 생각해보자.

재미있는 탐구활동(계절의 변화)

준비물

실험과정

1. 계절변화 실험장치를 준비하자.

2. 아래의 방법에 의해 실험해보자.

① 아래의 그림과 같이 지구본을 장치한다.

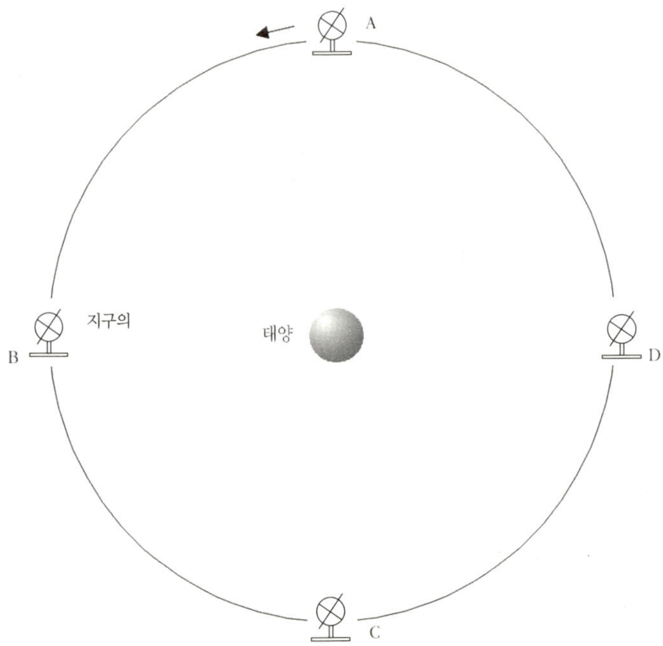

② 이번에는 지구본을 기울이지 않은 채로 ①과 같은 형태로 장치해 보자.

③ 자전축이 기울어진 지구본과 기울어지지 않은 각각의 지구본에 서울의 위치에 태양고도판을 꽂아보자.

④ 낮 12시의 위치에서 태양의 고도, 그림자의 길이를 측정해 보자.

⑤ ①, ②번의 지구본에서 우리나라의 서울을 기준으로 태양을 향한 부분을 낮으로 하여, 실을 이용하여 각각 밤과 낮의 길이를 측정해 보자.

3. 위의 결과는 어떻게 나오는가?

① 지구본이 기울어졌을 때, 각 지점에서 측정한 온도와 태양의 고도 및 밤·낮의 길이를 기록해보자.

지점	A	B	C	D
태양의 고도				
그림자 길이				
밤·낮의 길이				

② 지구본이 기울어지지 않았을 때, 위와 같은 방법으로 각 지점에서 측정한 태양의 고도, 그림자 길이 및 밤·낮의 길이를 기록해 보자.

지점	A	B	C	D
태양의 고도				
그림자 길이				
밤·낮의 길이				

③ 위의 실험 결과로 계절의 변화의 원인은 무엇이라 생각하는가?

제 2 강

천 구

◆ 천구(celestial sphere)란 무엇인가?

우리들은 천문 영역에 대해 초등학교 2학년 과학부터 고등학교 지구과학까지 계속 배워왔다. 그런데 천구의 개념을 이해하기란 쉬운 일이 아니었다.

천구란 우리가 늘 볼 수 있는 하늘을 말하는 것으로, 지구가 중심이 되고 무한히 큰 반지름을 갖는 가상적인 구 모양을 말한다. 천구는 지구상의 어느 지점에서도 같은 모양이다. 이것을 이해하기 위해서는 두 가지 과정을 거쳐 생각하면 쉽다. [그림 2−1]처럼 지구 위의 한 지점에 관측자가 서 있다고 가정해 보자. 우주 공간상의 별은 하늘의 동일한 지점에 위치하는 것처럼 보인다. 즉, 관측자가 본 천구의 모양은 [그림 2−2]와 같이 나타난다. 그러면 실제로 우리가 하늘이 보이는 곳에 가서 천구의 모양을 그려보자. 그 그림이 [그림 2−2]와 같은지 비교해 보자.

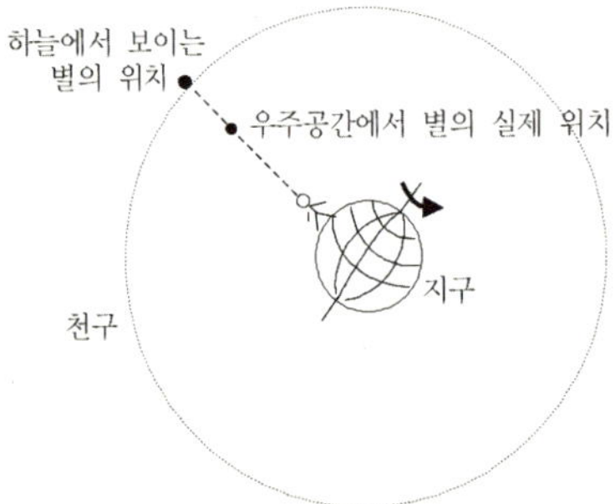

[그림 2−1] 지구위의 관측자

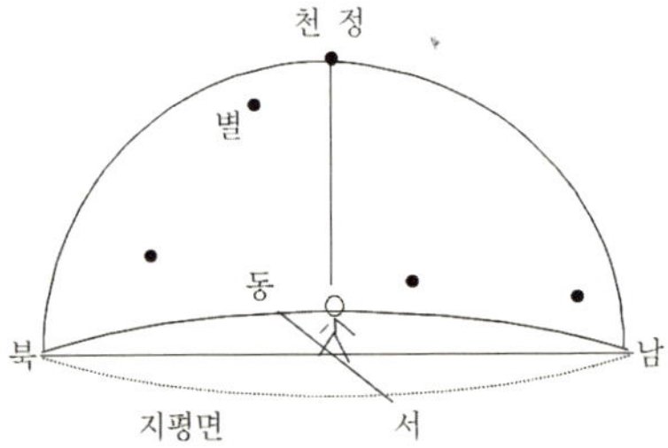

[그림 2−2] 천구의 모습

◆ 천구와 관련된 여러 가지 용어 즉, 천정, 천저, 지평면 등은 무엇을 의미하는가?

[그림 2-3 참조]

① 천정(zenith): 관측자를 지나는 연직선이 천구와 만나는 두 점 중 위쪽의 점을 말한다.

② 천저(nadir): 관측자를 지나는 연직선이 천구와 만나는 두 점 중 발밑의 점을 말한다.

③ 천구의 지평면(celestial horizon plane): 천정과 천저를 연결한 선에 수직인 대원 중 관측자를 중심으로 하는 면을 말한다.

④ 천구의 적도(celestial equator): 지구의 적도면을 무한히 연장시켜 천구에 투영된 대원을 말한다.

⑤ 천구의 북극과 남극(celestial pole): 지구의 자전축을 연장하였을 때 천구와 만나는 두 점을 말한다.

⑥ 천구의 자오선(celestial meridian): 천정과 천저, 천구의 북극과 남극을 지나는 대원을 말하며, 어떤 별이 자오선 상에 왔다는 것은 그 별이 남중했다는 것을 의미한다.

⑦ 남점(south point): 자오선과 지평면이 만나는 두 점 중에서 천구의 남극에 가까운 점을 말한다.

⑧ 북점(north point): 자오선과 지평면이 만나는 두 점 중에서 천구의 북극에 가까운 점을 말한다.

⑨ 춘분점(vernal equinox): 춘분날에 천구에 투영된 태양의 위치를 말한다.

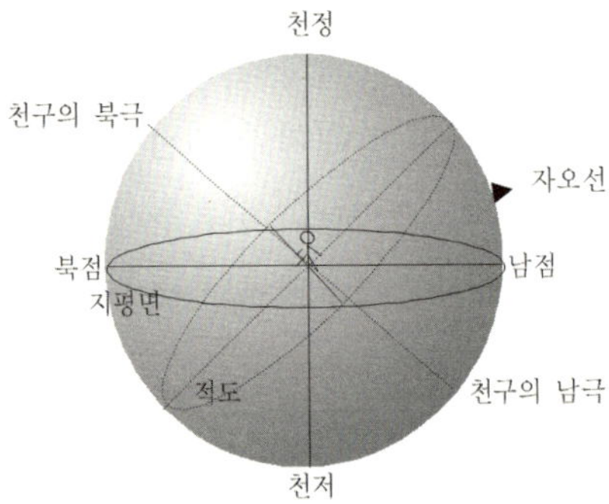

a) 천구

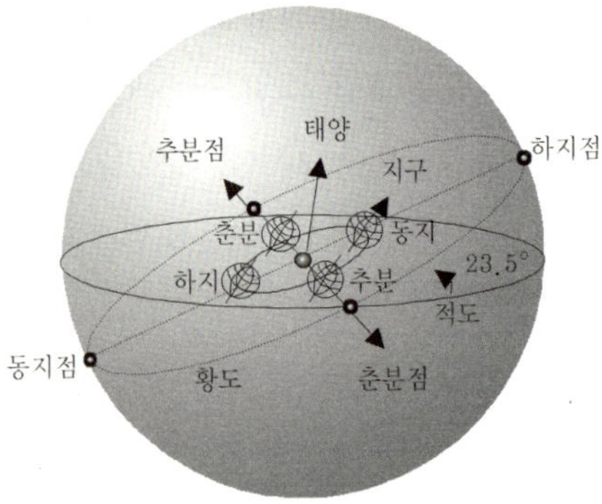

b) 춘분점

[그림 2-3] 천구와 관련된 많은 용어를 그림으로 나타낸 것

◆ 지평좌표계, 적도좌표계는 무엇인가?

지구의 어느 한 지점의 위치를 나타낼 때 위도와 경도로 표시하듯, 천구상에서 어느 한 천체의 위치를 나타낼 때도 이와 같은 방법을 이용하면 된다. 이러한 방법 중 가장 많이 이용하는 것이 지평좌표계와 적도좌표계이다.

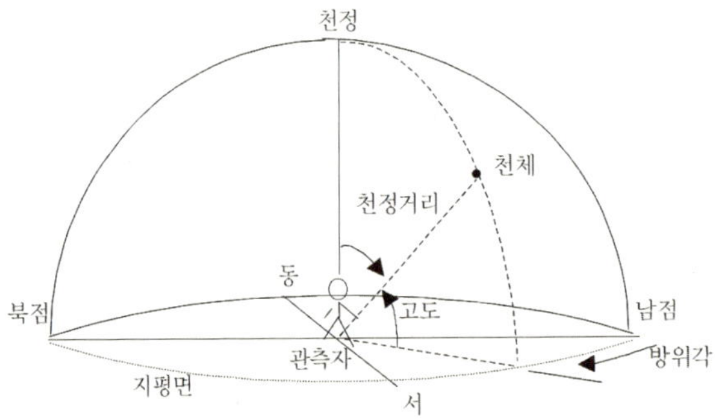

[그림 2-4] 지평좌표계

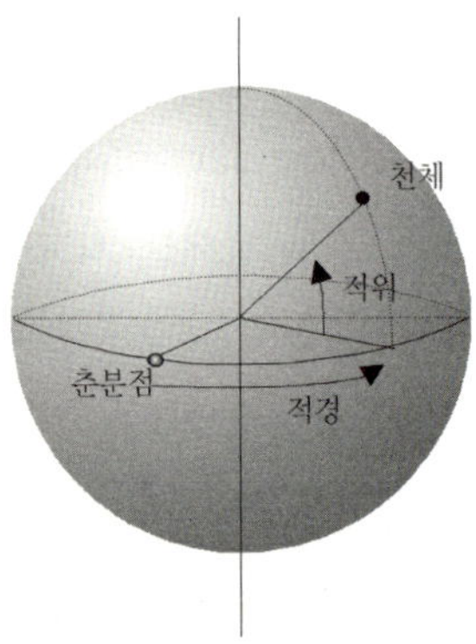

[그림 2-5] 적도좌표계

[그림 2-3, b]의 그림을 참조하여 보면 알 수 있듯이 적도좌표계에서 춘분점의 위치는 춘분날(3월 22일 경) 관측자가 본 태양의 위치이다. 춘분날 아침 9시에 태양을 보든지, 오후 2시에 태양을 보든지 관계없이 태양이 위치한 지점이 춘분점이 된다는 것을 명심하자. 또한 지평좌표계의 방위각(0°~360°)이나 항성시를 따질 때 언급되는 시간각(0h~24h)은 시계방향으로 재는데 비해 적경은 반시계 방향으로 잰다.

그리고 지평면은 관측자의 위치에 따라 변하지만, 적도는 관측자의 위치와 관계없이 천구의 북극에서 90° 위치에 있게 된다.

지평좌표계는 지평면을 기준으로 방위각(azimuth, A)과 고도(altitude, h)로 나타내는 좌표계이다[그림 1-4]. 방위각은 북점이나 남점을 기준으로 시계방향으로 별까지 잰 각도를 말하며, 고도는 지평면에서 천체까지 이루는 각도를 말한다. 방위각의 값은 0°에서 360°, 고도의 값은 0°에서 90°의 범위를 가지게 된다. 지평 좌표계는 천체의 위치를 나타내기는 쉽지만, 관측자를 중심으로 하기 때문에 시간과 장소에 따라 방위각과 고도의 값이 달라지는 문제점이 있다. 천체의 일주 운동은 천구상에서 별의 고도와 방위각의 변화로 나타낼 수 있다. 예를 들면, 북점을 기준으로 했을 때, 남점에 위치한 천체의 방위각은 180°, 고도는 0°이고, 북점에 위치한 천체의 방위각과 고도는 각각 0°이다.

적도좌표계는 천구의 춘분점과 적도를 기준으로 하여 적경(right ascension, α)과 적위(declination, δ)로 나타내는 좌표계 [그림 2-5]이다. 적경은 춘분점을 기준으로 해서 천체를 지나는 시간권이 적도와 만나는 지점까지 반시계방향으로 잰 각을 시간으로 나타낸 것이다. 이는 360°를 24시간으로 나누어 표시한 것인데, 예를 들어 각도로 30°는 적경으로 2시간에 해당한다. 적위는 천구의 적도를 기준으로 천체까지 잰 각도를 말한다. 모든 천체는 적경이 0시에서 24시 사이의 값을 가지지만, 적위는 적도 위쪽에 있는 천체의 경우 0°에서 90° 사이의 값을 갖고, 적도 아래쪽에 있는 천체는 0에서 −90° 사이의 값을 갖는다. 지평좌표계는 관측자 중심으로 별의 위치를 표시할 때 그 위치가 시간과 장소에 따라 변하는 반면, 적도좌표계는 적도면을 중심으로 하기 때문에 시간과 장소에 관계없이 일정한 값을 갖는다. 이러한 이유로 천문학에서 천체의 위치를 나타내는데 많이 사용한다. 그러나 계산하기가 어려운 것이 단점이다.

참고로 춘분점, 하지점, 추분점, 동지점의 적경과 적위를 보면 〈표 2-1〉과 같다.

〈표 2-1〉 천구상의 각 지점의 적경과 적위

	적 경	적 위
춘 분 점	0^h	0°
하 지 점	6^h	+23.5°
추 분 점	12^h	0°
동 지 점	18^h	−23.5°

◆ 북극성의 고도는 어떻게 측정하나요?

북극성의 고도를 재면 그 지방의 위도를 알 수 있다고 한다. 왜 그럴까? 또, 북극성의 고도를 어떻게 재면 될까?

먼저 북극성의 고도가 어떻게 그 지방의 위도가 되는지 살펴보기로 하자.

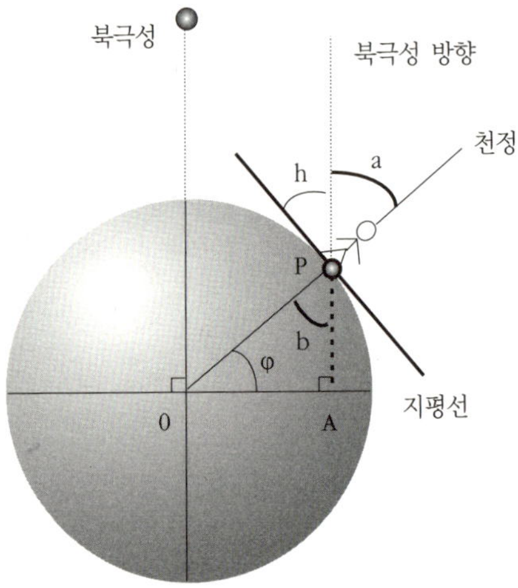

[그림 2-6] 북극성의 고도가 그 지방의 위도가 되는 이유

[그림 2-6]을 보자. 옆의 그림에서 △OAP는 직각 삼각형이다. 따라서 φ(그 지방의 위도)와 b의 각도를 합한 것이 90°가 되어야 한다. 마찬가지로 지상에서 사람은 지평선에 수직으로 서 있기 때문에 h(북극성의 고도)와 a의 각을 합하면 마찬가지로 90°가 되어야 한다, 여기에서 ∠a와 ∠b는 마주보는 각이므로 같게 된다. 그러므로 ∠h는 ∠φ와 같아야 된다는 결론이 나온다. 즉, 북극성의 고도는 그 지방의 위도가 되는 것이다.

그러면, 북극성의 고도는 어떻게 재면 되나? 흔히 천체관측의를 많이 이용한다. 그러나 이 실험기구가 없으면 측정할 방법이 없는 것일까? 천체관측의가 없어도 간단한 실험기구를 만들어 관측할 수 있다.

그러면, 실험기구를 만들어 사용하는 방법을 간단히 살펴보도록 하자. 우선 나무막대를 준비하자. 찔릴 염려가 있으므로 매끈하게 다듬는 것도 잊어서는 안될 것이다. 이 나무막대의 중간쯤에 분도기(각도기)를 그림과 같이 장치하여 못이나 압정으로 고정시킨다. 이렇게 고정한 후 실을 못에 매달고 그 끝에 무거운 추를 매달아 지구 중심을 향하게 하자.

이 실험 기구를 사용하여 북극성을 향하게 하면, [그림 2-6]처럼 예각이 북극성의 고도가 되는 것이다. 참고로 천체관측의는 [그림 2-7]에 나타내 놓았는데, [그림 2-6]과 비슷한 형태임을 알 수 있다. [그림 2-7]의 중앙에 위치한 원에는 각도를 표시하여 방위각을 측정할 수 있도록 하였고, 윗부분의 각도기는 고도를 측정하기 위한 것이다.

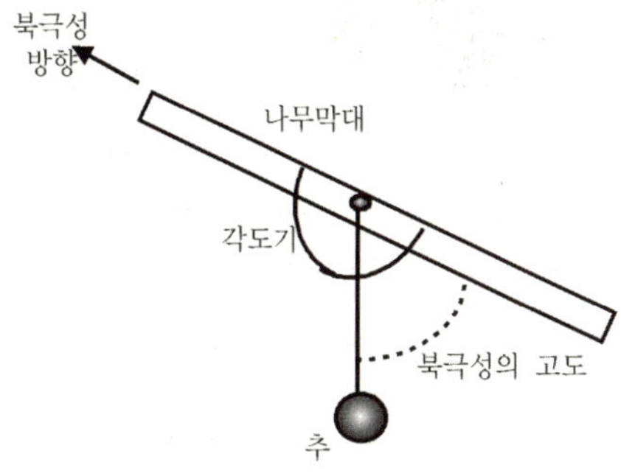

[그림 2-6] **북극성의 고도 측정법**

[그림 2-7] **천체관측의**

그러면 천체관측의를 이용하여 방위각은 어떻게 측정하는가요? 먼저 정확히 북쪽 방향을 결정하자. 이 때는 나침반을 이용할 수도 있고, 북극성을 이용할 수도 있다. 이렇게 하여 북쪽을 결정하면, 천체관측의에서 N(북)이라고 써있는 부분을 일치시키자. 이렇게 한 후 측정하고자 하는 천체의 위치에 측정장치의 두 구멍을 일치시키면서 방위각을 측정하면 되는 것이다.

◆ 남중 고도란 무엇인가요?

[그림 2-8]은 하루밤 동안 어떤 별의 천구상에서의 이동을 보여준다. 모든 별은 동쪽에서 떠올라 서쪽으로 지게 되는데, 이 때 별의 고도와 방위각은 변하게 된다.

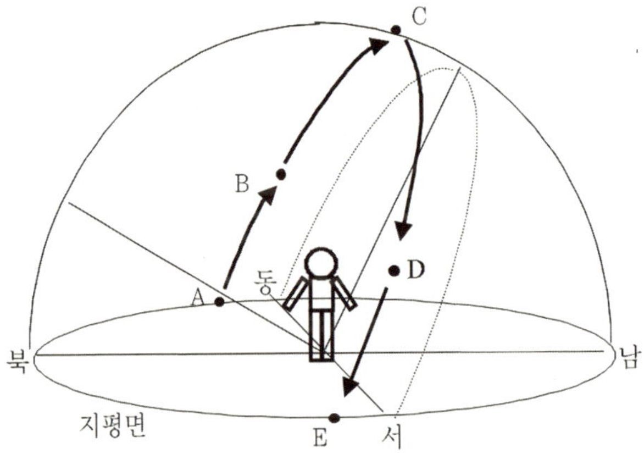

[그림 2-8] 하루밤 동안의 별의 일주 운동

위의 그림에서 A지점에서의 고도는 0°이고, 점점 고도가 증가하여 C지점에서는 고도가 최대가 된다. 그 후 고도는 점점 감소하여 E지점에서는 고도가 다시 0°가 된다. 이 때 C지점을 우리는 남중고도라 한다. 즉, 하루 중 최대 고도가 될 때는 정남쪽에 위치하므로 이를 남중고도라 하는 것이다.

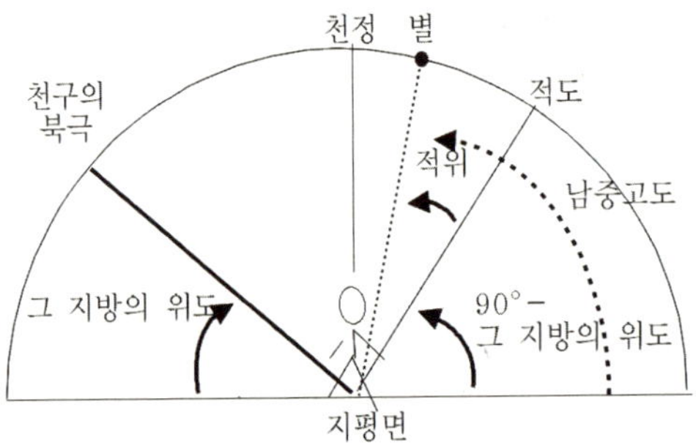

[그림 2-9] 남중고도 구하는 방법

그럼 남중고도는 어떻게 구하는가? [그림 2-9]에서 보면, 남중고도(h)는 90°-그 지방의 위도(φ)+적위(δ)이다. 예를 들어 태양을 생각해 보자. 만약 서울(북위 37.5°)에서 하지날 정오에 태양을 보았다고 하자. 그러면 이 때 태양의 남중고도는 얼마일까? 하지날 태양의 적위는 +23.5°이다. 위의 식에 대입해 보면, 하지날 서울에서의 태양의 남중고도는 76°이다. 반대로 동지날 태양의 남중 고도는 29°인데, 이 때는 태양의 적위가 -23.5°이기 때문이다.

◆ 어!!! 우리나라에서 안보이는 별도 있다던데요?

밤하늘에 보이는 별은 항상 떠 있지만, 우리가 밤하늘을 쳐다볼 때는 보이지 않는 별들도 있다. [그림 2-10]처럼 볼 수 없는 내가 서있는 곳에서 하늘을 바라보면, 발 위쪽은 볼 수 있지만, 발 아래에 있는 천체들은 전혀 볼 수가 없게 된다.

그러면 항상 볼 수 있는 별들도 있을까?

[그림 2-11]을 보자. 이 그림에서 A별은 지구 자전축 위에 있기 때문에 항상 A위치에서만 관측이 된다. 그러나 B는 지구의 자전 때문에 B와 B′사이를 왔다갔다 하는 것처럼 별의 일주 운동이 관측된다. C별은 C와 C'사이를 왔다갔다 하므로 지평선 위에 있을 때만 볼 수 있다. 그럼 D별은 어떻게 될까? 과연 볼 수 있을까? 위의 [그림 2-10]에 의하면 D별은 지평선에 위치하므로 지평선에 위치할 때만 볼 수 있다. 따라서 이 별보다 적위가 작은 별들인 E와 같은 별은 우리가 볼 수 없게 된다. A, B는 항상 볼 수 있기 때문에 주극성, C와 같은 별은 출몰성, E와 같은 별은 전몰성이라고 한다.

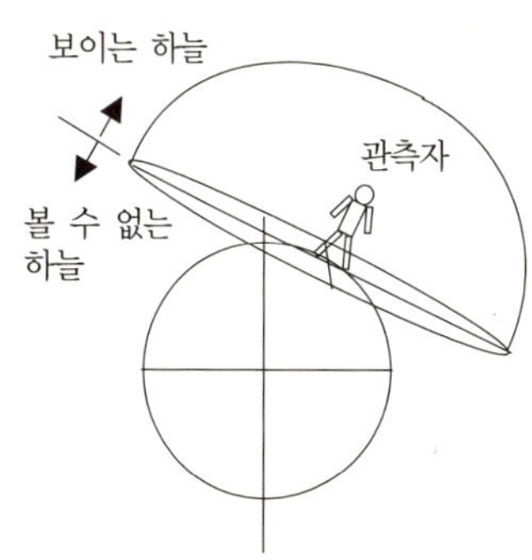

[그림 2-10] 볼 수 있는 하늘

주극성, 출몰성, 전몰성은 아래의 공식으로 구할 수 있다.

주극성: $\delta > 90^\circ - \varphi$

출몰성: $-(90^\circ - \varphi) < \delta < 90^\circ - \varphi$

전몰성: $\delta < -(90^\circ - \varphi)$

여기서 δ는 그 별의 적위 φ는 위도가 된다.

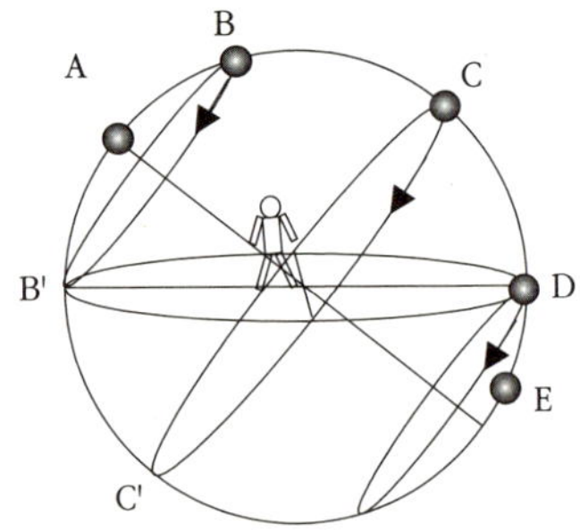

[그림 2-11] 주극성, 출몰성, 전몰성

재미있는 탐구활동(천구의 이해)

1. 나침반과 필기도구를 준비하자.

2. 아래의 방법으로 실험을 해보자.
   ① 먼저 나침반을 이용하여 북쪽을 결정하자.
   ② 천구를 그려보자.
   ③ 실제로 보이는 부분은 실선으로, 보이지 않는 부분은 점선으로 나타내 보자.

3. 위의 결과는 어떻게 나오는가?
   ① 관측자가 동쪽을 바라보았을 때, 천구를 그려보자.

   ② 관측자가 서쪽을 바라보았을 때, 천구를 그려보자.

   ③ 관측자가 남쪽을 바라보았을 때, 천구를 그려보자. 또한 여기에는 태양의 위치를 표시해 보자.

   ④ 관측자가 북쪽을 바라보았을 때, 천구를 그리고, 북극성의 위치를 상상하여 그려보자.

   ⑤ 북극성의 고도가 관측 지점의 위도가 됨을 알아보자.

재미있는 탐구활동(천구와 좌표계의 이해)

1. 각도기, 삼각대, 합판, 연습장, 성도, 천체관측의, 나침반, 랜턴을 준비하자.

2. 아래의 방법에 의해 실험해보자.
   ① 실제 하늘이 어떻게 보이는가 그려본다.
   ② 별의 위치를 표시할 때, 가장 손쉬운 방법은 무엇인가 생각해 본다.
   ③ 나침반을 이용하여 북쪽을 결정한다.
   ④ 천체관측의를 이용하여 북점(또는 남점)을 기준으로 방위각을 잰다. 또한 지평선에서 별까지의 고도를 측정해 본다.
   ⑤ 고도와 방위각의 변화를 표와 그래프로 나타내 본다.
   ⑥ 현재 남중한 별의 적경을 구하고 이 별을 성도상에 표시해 보자.
   (단, 적위는 적도 근처로 고정하는 것이 좋다.)

3. 위의 결과는 어떻게 나오는가?
   ① 자신이 바라본 천구를 그려보자.

   ② 나침반을 이용하여 북쪽 방향을 결정하고, 이를 이용하여 임의의 별의 고도와 방위각의 시간에 따른 변화 양상을 아래의 표에 표시하고, 이러한 변화 양상을 그래프에 나타내어 보자.

시간									
방위각									
고도									

③ 현재 남중한 별의 적경을 구해보자.

④ 남중한 별을 성도에 표시해 보자(부록의 성도 참조).

⑤ 고도와 방위각을 이용한 별의 위치 표시 방법과 적경과 적위를 이용한 별의 위치 표시 방법의 차이점을 설명해 보자.

재미있는 탐구활동(천구)

1. 지구본, 투명반구

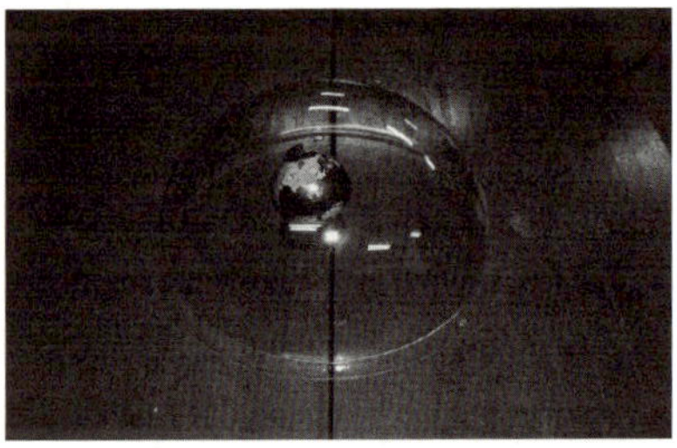

2. 실험을 해 봅시다.

① 옆의 그림과 같이 지구본과 투명 반구를 위치시키고, 북극, 북반구 중위도, 적도에 각각 관측자가 서 있다고 가정하고, 다음과 같은 사항을 표시해 보자. 나타낼 수 있는 것만 표시해 보자.

- 천정, 천저, 천구의 북극, 천구의 남극, 천구의 지평면, 천구의 적도, 천구의 자오선, 북점, 남점.
- 북극성의 위치
- 별의 일주운동
- 주극성, 출몰성, 전몰성
- 봄, 여름, 가을, 겨울에서의 태양의 남중고도와 지나가는 길.
- 방위각과 고도(임의의 한 별을 설정)

3. 결과는 어떻게 나오는가?

① 실제로 위의 내용을 투명 반구 위에 표시해 보자.

② 위의 내용 중 나타낼 수 없는 것은?

③ 이 중 그 지방의 위도와 같은 것은?

④ 기존에 배운 내용과 실제로 표시한 모양을 비교 설명하시오.

재미있는 탐구활동(지구의 운동)

1. 칼, 자, 컴퍼스, 실, 연필, 스티로폼(구), 우드락, 테이프, 철사, 압정

2. 실험을 해 봅시다.
   ① 위의 실험 준비물을 통하여 밤·낮의 변화 원인, 지구의 공전, 지구의 자전을 알 수 있는 실험 모형을 만들어 보자.
   ② 보다 자세한 사항을 알려면 어떤 실험 기구가 더 있으면 좋을지 생각해 보자.

3. 결과는 어떻게 나오는가?
   ① 위의 실험 준비물로 모형을 만들 때, 필요한 것과 더 있었으면 하는 것을 써보시오.

	준비물	더 있었으면 하는 것은
밤·낮의 변화 원인		
지구의 공전		
지구의 자전		

   ② 모형을 통해 다음을 설명해 보자.

● 밤·낮의 변화의 원인

● 지구의 공전

● 지구의 자전

제 3 강

태양

◆ 태양의 크기는 어떻게 재나요?

태양은 각도기를 이용하여 재보면 0.5°(30′)정도의 크기를 갖는다. 달도 역시 이 정도의 크기로 보이기 때문에 일식 현상이 일어나는 것인데, 그렇다면 태양과 달의 크기는 정말 같은 것일까? 대답은 물론 "아니요"일 것이다. 태양은 지구에서 1억 5000만km의 거리에 있고, 달은 384000km의 거리에 있기 때문에 실제 크기는 달라도 우리가 보기에는 거의 같게 보이는 것이다. 그럼 태양의 크기는 어떻게 재면 될까?

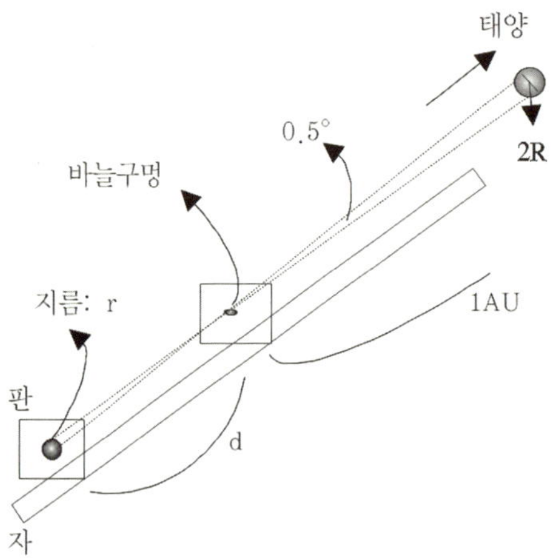

[그림 3-1] 태양의 크기 측정

왼쪽 그림에서 보듯이 긴 자에 판을 두 개를 놓고 태양쪽의 판에는 바늘 구멍을 뚫어 놓고 뒤 쪽에는 평탄한 판을 놓는다. 이렇게 설치한 자를 태양쪽으로 향하게 한 후 바늘 구멍을 통해 들어온 빛이 뒤의 평탄한 판에 상이 맺히면 이 때의 거리 d를 측정한다. 또한 상의 지름 r도 측정이 가능하므로 비례식을 이용하면 태양의 크기를 구할 수 있다.

$$r : 2R = d : 1AU$$

여기서 R은 태양의 반경이다. 이렇게 해서 측정한 태양의 반경은 대략 700000km정도 나온다. 이는 지구 반지름의 약 109배 정도되는 값으로 태양이 얼마나 큰 지 알 수 있다. 태양의 반경 측정 방법과 같은 형태로 달의 반지름을 측정해 보면, 달의 반지름은 약 1738km정도 된다는 것을 알 수 있다.

◆ 태양 표면에서는 어떤 일들이 벌어지고 있나요?

① 태양의 내부구조와 온도 분포

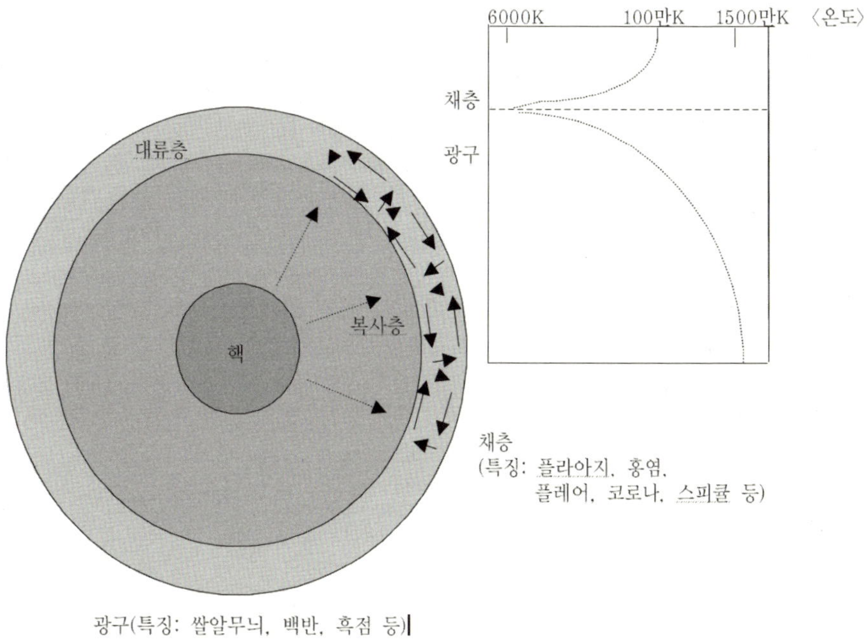

② 태양 표면에 나타나는 현상

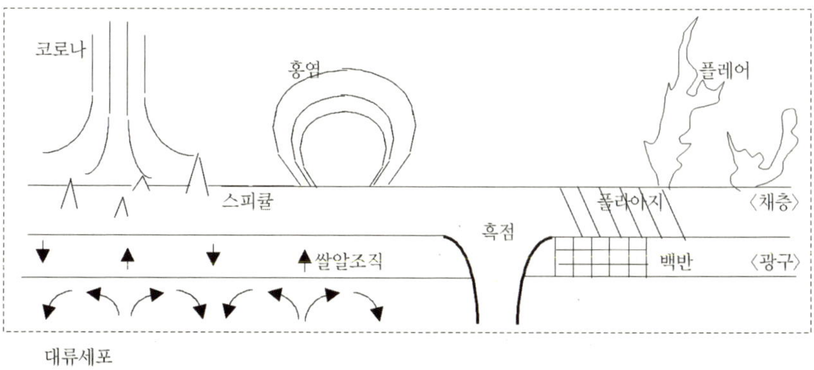

[그림 3-2] 태양의 내부 구조와 온도 분포(그림 ①) 및 표면 현상(그림 ②)

우리가 맨눈으로 태양을 보면(눈이 부셔서 오래 동안은 보지 못하지만) 태양은 아무런 활동도 없는 매끈한 표면으로 둘러싸여 있는 것처럼 보인다. 그러나 태양도 살아있는 천체이기에 표면에서 무수히 많은 활동을 하고 있다[그림 3-2]. 태양 표면 중 우리가 눈으로 볼 수 있는 곳을 광구(photosphere)라고 하고, 그 바깥쪽의 밀도가 극히 낮은 부분을 채층(chromosphere)이라고 부른다. 광구에서 일어나는 활동에는 흑점(sunspot)이나 쌀알 조직과 같은 것들이 있다.

흑점은 태양의 표면 온도(6000K)보다도 낮은 4000K정도이기 때문에 우리 눈에 검게 보이는 것이다. 흑점은 자기장이 강하게 나타나며(광구표면의 약 1000배 정도), 흑점이 많다는 것은 태양 활동이 심하다는 것을 의미한다. 이 흑점은 자기장이 꼬여 생기는 것이므로 항상 쌍으로 나타난다. 이는 자석에서 N극이 있으면 그 반대편에 항상 S극이 있는 것을 상상하면 쉽게 이해가 될 것이다. [그림 3-3] ④에서 흑점은 본영과 반영으로 나누어져 있다. 본영은 상대적으로 어두운 부분이고, 반영은 상대적으로 밝은 부분이다. 흑점 수를 셀 때는 이들 본영과 반영을 모두 세야 한다(재미있는 탐구활동 참조). 또한 흑점의 수를 관측해 보면 극대와 극소가 11년 주기로 나타나는데, 특히 흑점의 개수가 극대가 되는 시점에서는 지구에 살고 있는 우리는 많은 피해를 보게 된다. 이 시기에 지구상에서는 자기 폭풍으로 인해 나침반이 심하게 움직이므로 정밀한 항로가 요구되는 비행기의 운항 등에 많은 영향을 미치게 된다. 이와 더불어 통신 두절 현상(델린저 현상)도 나타난다. 또한 극지방에서는 많은 극광(오로라)이 관측된다.

쌀알 조직은 광구에서 일어나는 대류에 의해 나타나는 것으로 물에 톱밥을 넣고 끓일 때 나타나는 현상을 연상하면 쉽게 알 수 있을 것이다.

① 코로나　　② 홍염

③ 쌀알조직(태양표면의 대류 증거)　　④ 흑점

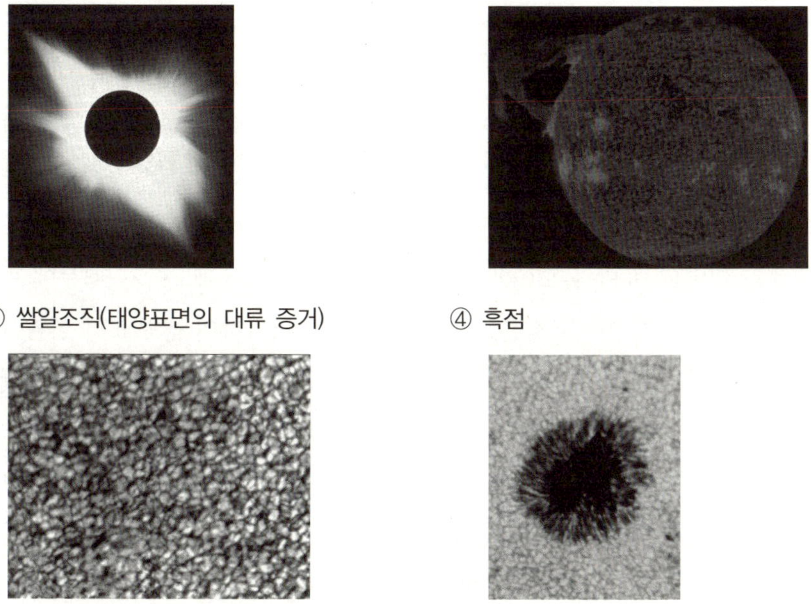

[그림 3-3] 태양 표면 사진

채층에서 일어나는 현상으로는 홍염(prominence), 플레어(flare), 스피큘(spicule), 코로나(corona) 등이 있다[그림 3-3]. 홍염은 태양 표면에서 생긴 불꽃이 자기장의 영향으로 고리 모양으로 휜 구조이며, 플레어는 우주 공간으로 날아가는 불꽃이다. 스피큘은 태양 표면에서 나타나는 톱니 모양의 구조로서 태양의 스펙트럼 형성과 관계된다. 또한 코로나는 아주 고온(약 100 만 K)의 입자들이 우주 공간으로 퍼져나가는 영역으로 이 지역은 온도는 높지만 밀도가 매우 낮아 이 지역에서는 물도 끓이지 못한다.

◆ 태양의 질량은 어떻게 알았어요?

17세기에 케플러는 행성의 타원 운동에 관한 경험 법칙을 발표했는데 태양의 질량을 잴 때는 이를 이용하면 된다. 케플러의 제 3법칙(일명 조화의 법칙)은 아래처럼 주어진다.

$$M = \frac{4\pi^2}{G}\frac{a^3}{P^2}$$

여기서 M은 태양의 질량을 나타내고, P는 태양 주위를 돌고 있는 천체의 공전 주기, a는 태양 주위를 돌고 있는 천체의 궤도 장반경, G는 만유인력 상수이다.

이 식에 의하면, 태양의 질량을 구하기 위해서 그 주위를 돌고 있는 행성들의 공전 주기와 궤도 반지름만 측정하면 태양의 질량을 측정할 수 있다. 직접적인 자료를 대입하여 태양의 질량을 구해보면 다음과 같다. 지구의 공전 궤도 장반경은 1.496×10^8km이고, 공전 주기는 365.26일이다. 그러므로 태양의 질량은 1.989×10^{30}kg이 된다. 위와 같은 방법은 행성의 질량을 구하는데도 이용된다.

◆ 태양은 자전을 하나요?

물론 태양도 자전을 한다. 태양에서 자전은 태양 표면의 활동과 많은 연관성이 있는데, 특히 흑점의 형성에 자전은 중요한 역할을 한다.

그럼 태양의 자전은 어떻게 관측할까? [그림 3-4]는 태양의 흑점의 이동양상을 날짜별로 관측한 사진이다. 동일한 형태의 흑점의 위치가 시간에 따라 움직인다는 것은 결국 태양이 자전한다는 것을 의미하는 것이다. 그러나 흑점의 이동 속도는 적도와 극에서 약간의 차이가 있다. 적도부근에서는 약 25일, 위도 30° 부근에서는 약 27일, 위도 75°부근에서는 약 33일의 주기로 자전한다. 극 주위에서는 35일 정도로 자전하는 것으로 추정된다.

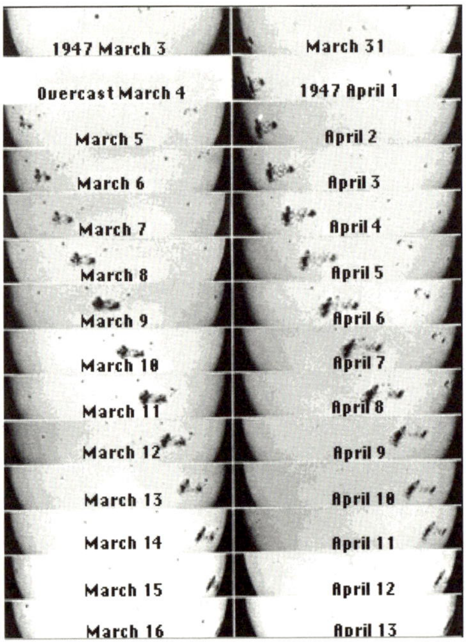

[그림 3-4] 태양 표면의 흑점의 이동 양상(태양의 자전을 알아냄)

◆ 태양도 지구처럼 자석의 성질이 있나요?

1908년에 미국 천문학자인 해일(G. E. Hale)은 태양에 자기장이 있는 것을 밝혀냈다. 해일은 흑점을 분광기를 이용하여 스펙트럼선을 분석하던 도중 관측된 하나의 스펙트럼선이 흑점 주위에서 두 개 이상의 선으로 더 나누어 진다는 것을 알았고, 이는 자기장에 의한 것임을 알아냈다.

흑점은 지구의 자기장 보다 약 5000배 정도 세고, 태양 표면 보다도 약 1000배 정도 센 것으로 밝혀졌다. 따라서 흑점은 태양의 자기장과 밀접한 관련이 있다는 것을 알 수 있다. 자기장이 태양의 북극에서 남극으로 직선 상으로 분포한다 하더라도 태양의 위도에 따른 자전 속도의 차이로 인해 이 자기장이 꼬이게 되고, 자기장이 꼬인 지점에서는 흑점이 나타나게 되는 것이다. 이러한 자기장의 꼬임은 앞에서 잠시 언급한 것과 같이 한 쌍의 흑점을 형성하게 되는 것이다.

재미있는 탐구활동(태양의 흑점 관측)

1. 망원기(망원경)와 태양 필터를 준비하자.

2. 아래의 방법에 의해 실험해보자.
   ① 맑은 날 같은 장소에서 같은 시간에 태양을 하루 간격으로 3~5일 정도 태양 표면의 흑점을 관측해보자.
   ② 관측한 흑점을 스케치하여 이들의 이동 양상을 살펴보자.
   〈주의: 태양관측시 시력 보호에 각별히 조심할 것.〉

3. 위의 결과는 어떻게 나오는가?
   ① 관측한 흑점의 위치를 아래에 그려보자. 여기서 동서남북에 조심하자. 망원기로 볼 때, 방향이 어떻게 바뀌어 보이는지 잘 생각해 보자.

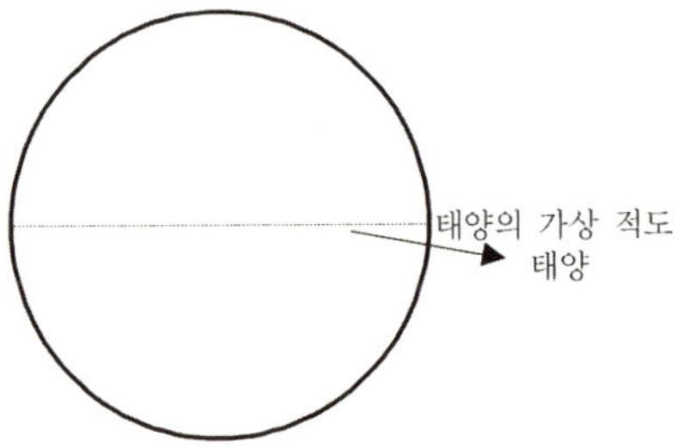

   ② 태양 흑점의 이동 양상을 표시해 보자.

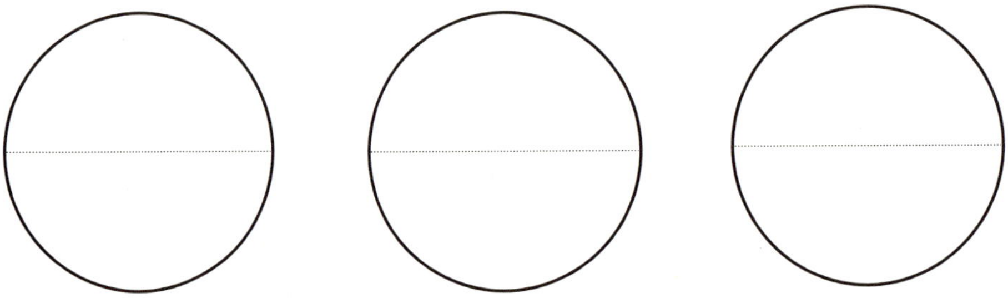

〈 월 일 시 분〉 〈 월 일 시 분〉 〈 월 일 시 분〉

③ 흑점이 태양 주위를 한바퀴 도는데 몇 일이나 걸릴까 예측해 보자.

④ 아래의 표를 이용하여 흑점수의 변화양상을 그래프로 나타내 보자.

연도	흑점수	연도	흑점수	연도	흑점수	연도	흑점수
1886	25.4	1910	18.6	1934	8.7	1958	184.6
1887	13.1	1911	5.7	1935	36.1	1959	158.8
1888	6.8	1912	3.6	1936	79.7	1960	112.3
1889	6.3	1913	1.4	1937	114.4	1961	53.9
1890	7.1	1914	9.6	1938	109.6	1962	37.6
1891	35.6	1915	47.4	1939	88.8	1963	27.9
1892	73.0	1916	57.1	1940	67.8	1964	10.2
1893	84.9	1917	103.9	1941	47.5	1965	15.1
1894	78.0	1918	80.6	1942	30.6	1966	47.0
1895	64.0	1919	63.6	1943	16.3	1967	93.8
1896	41.8	1920	37.6	1944	11.0	1968	105.9
1897	26.2	1921	26.1	1945	33.2	1969	105.5
1898	26.7	1922	14.2	1946	92.6	1970	104.5
1899	12.1	1923	5.8	1947	151.5	1971	66.6
1900	9.5	1924	16.7	1948	136.2	1972	68.9
1901	2.7	1925	44.3	1949	134.7	1973	38.2
1902	5.0	1926	63.9	1950	83.9	1974	34.5
1903	24.4	1927	69.0	1951	69.3	1975	15.5
1904	42.0	1928	77.8	1952	31.5	1976	12.6
1905	63.5	1929	65.0	1953	13.9	1977	27.5
1906	53.8	1930	35.7	1954	4.4	1978	92.8
1907	62.0	1931	21.2	1955	38.0	1979	155.4
1908	48.5	1932	11.1	1956	141.7	1980	154.6
1909	43.9	1933	5.7	1957	189.9		

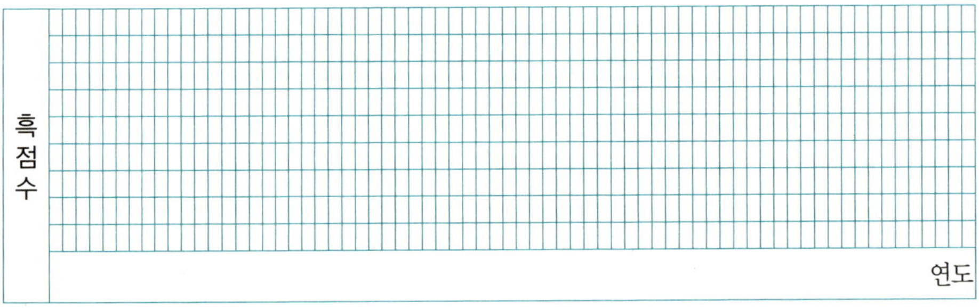

⑤ 왼쪽 그림의 흑점수 세는 방법을 이용하여 오른쪽 그림의 흑점수를 세어보자.

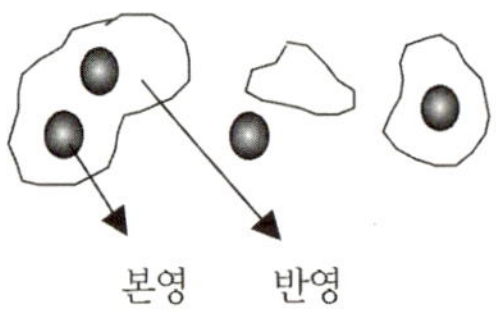

7개

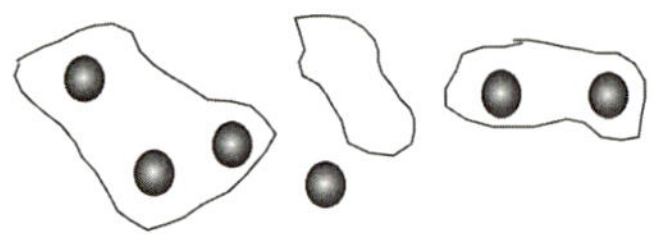

개

재미있는 탐구활동(태양의 고도와 온도와의 관계)

1. 지구본 1개, 온도계 2개, 고무빨판 2개, 자, 막대 2개, 전등, 실 등을 준비하자.

2. 아래의 방법으로 실험을 해보자.
   ① 경도는 같고, 위도가 다른 두 지점에 고무빨판을 이용하여 막대 2개를 세운다.
   ② 전등빛으로 지구본을 비춘다.
   ③ 실을 이용하여 막대의 그림자 길이를 잰다.
   ④ 막대 대신 온도계를 꽂고 온도를 잰다.

3. 위의 결과는 어떻게 나오는가?
   ① 실험한 내용을 아래의 표에 기록하자.

측정횟수	위도	태양의 고도	그림자 길이	온도
1				
2				

   ② 위도에 따른 태양의 고도, 그림자의 길이 및 온도와의 관계를 설명해 보자.

   ③ 결과 ①에서 지구본이 기울어져 있지 않을 때의 관계를 상상해 보자.

   ④ 지구본에서 막대가 꽂혀 있는 쪽을 전등의 반대쪽에 위치시키면 결과는 어떻게 나타날 것이라 생각하는가?

재미있는 탐구활동(태양의 크기 측정)

1. 각도기, 자(1m), 두꺼운 종이, 바늘을 준비하자.

2. 아래의 방법에 의해 실험해보자.
   ① [그림 2－1]과 같이 자에 두꺼운 종이를 붙인다.
   ② 앞의 종이(태양쪽)는 중앙에 바늘 구멍을 뚫고, 뒤의 종이는 중앙에 지름이 0.5cm인 원을 그려 놓는다.
   ③ 태양 광선이 바늘 구멍을 통해 들어오도록 하고, 앞의 종이를 이동시키면서 뒤의 종이의 0.5cm의 원에 태양의 크기가 정확히 맞도록 한다.
   ④ 아래의 공식을 이용하여 태양의 크기를 구해보자.

$$r : 2R = d : 1AU$$

3. 위의 결과는 어떻게 나오는가?
   ① 위의 방법으로 측정한 태양의 크기는 얼마인가?

   ② 실제 태양의 반지름은 약 700,000km정도라고 한다. 여러분이 측정한 값과 차이가 있다면, 그 이유는 무엇이라 생각하는가?

   ③ 위와 유사한 방법으로 달의 크기도 측정해 보자.

   ④ 태양과 달의 크기는 몇 배 차이가 나는가?

제 4 강

별과 별자리

◆ 별자리는 어떻게 만들어졌나요?

별자리는 전설적으로 유명한 사람이나 사물 또는 동물들의 형상을 본따 만든 것으로 하늘에 퍼져있는 많은 별들의 군락(群落)이다. 예를 들면, 오리온자리나 카시오페이아자리는 전설적으로 유명한 사람이 별자리가 된 것이고, 천칭자리나 그물자리는 사물을 별자리로 만든 것이며, 황소자리나 양자리 등은 짐승을 별자리로 만들어 놓은 것이다. 이들 별자리는 남반구 및 북반구의 하늘에 88개가 있다.

그럼 별자리는 어떤 과정을 거쳐 만들어졌을까?

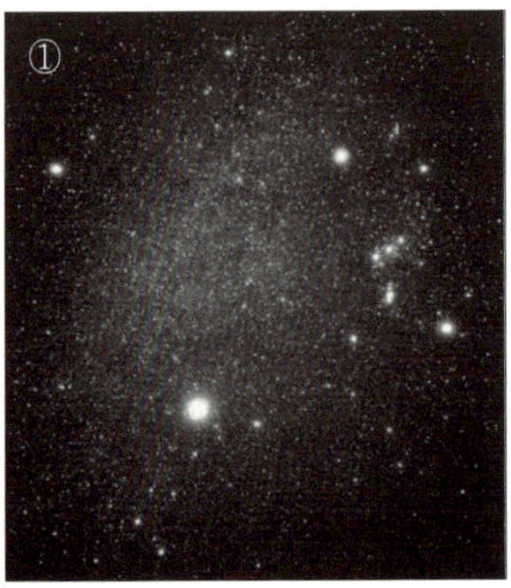

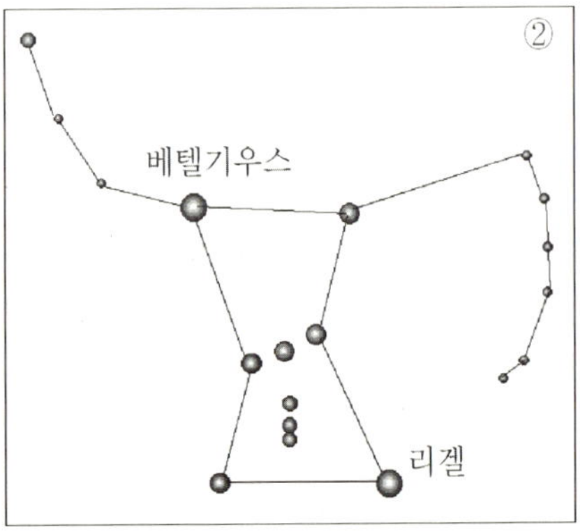

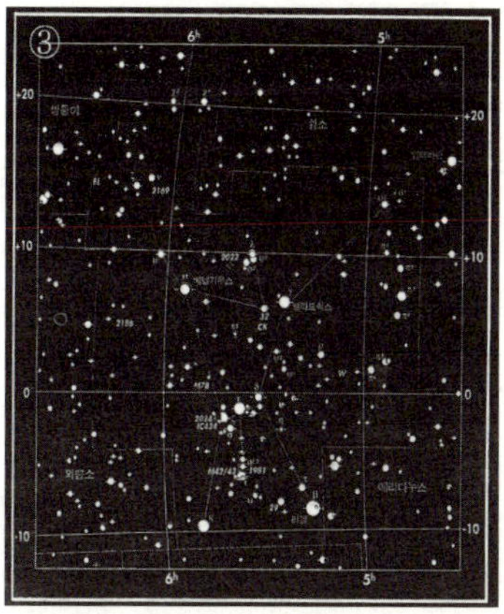

[그림 4-1] 별자리의 생성(① 오리온 자리 부근의 사진, ② 현재 사용하고 있는 오리온 자리의 모양, ③ 별자리의 경계 ④ 전설적인 오리온을 별과 연관시킨 모습)

위의 [그림 4-1]을 참고하여 보자. 하늘에 있는 오리온 자리는 그림 ①과 같이 보인다. 이를 전설적인 인물인 오리온과 별들을 연관시켜 별자리를 만든다. 이러한 별자리는 그들만의 경계를 갖는데 이는 그림 ③과 같고, 별자리를 찾을 때는 그림 ②와 같은 방법으로 찾는다. 이러한 별자리에는 그들만의 독특한 전설도 하나씩 갖고 있다.

◆ 각 계절을 대표로 하는 별자리에는 어떤 것들이 있나요(부록 4 참조)

별자리를 직접 밤하늘에서 찾아본다면 별과 조금 더 친해질 수 있을 것이다. (부록 4)와 아래의 설명을 토대로 하여 직접 찾아보자.

1) 봄

봄에는 북두칠성과 목동 자리의 α별인 아크투르스 및 처녀 자리의 α별인 스피카가 거대한 원호를 이루는 것처럼 나타난다. 이를 "봄의 대곡선"이라 하는데 이를 기준으로 별자리를 찾아 나가면 된다. 봄철을 대표하는 별자리로는 이들 말고도 왕관 자리, 사자 자리 등이 있다.

2) 여름

여름철에는 우리가 전설로 접해왔던 견우성과 직녀성을 만날 수 있다. 은하수 안에 백조 자리가 있고, 양 옆에 독수리 자리와 거문고 자리가 있는데, 독수리 자리에서 가장 밝은 별이 견우성(알테어)이고, 거문고 자리에서 가장 밝은 별이 직녀성(베가)이다. 백조 자리에서 가장 밝은 별은 데네브라고 하는데, 이 데네브와 견우성, 직녀성이 거의 완벽한 직각 삼각형을 이루고 있다. 여름철에는 이 직각 삼각형을 기준으로 별자리를 찾아나가면 된다.

또한 이때는 전갈 자리나 궁수 자리도 관측이 되는데 이들 별자리는 은하수의 중심부를 향해 있으므로 우리 은하의 중심부를 관찰하려면 이 지역을 관측하면 된다.

3) 가을

가을을 대표하는 별자리는 페가수스자리이다. 이 페가수스는 신 중의 신인 제우스가 안드로메다를 구하기 위해 변한 말로서, 가을철 밤하늘에 직각 사각형의 형태로 자리하고 있다. 페가수스의 꼬리에는 안드로메다 자리가 있는데, 이는 페가수스가 안드로메다를 구하여 꼬리에 매달고 날아가고 있는 형상이다. 가을철에는 페가수스를 기준으로 별자리를 찾아나가면 된다.

4) 겨울

겨울은 밤하늘의 보석이라 할만큼 밝은 별이 많이 보인다. 또한 기온이 낮아 공기의 상승보다는 공기의 하강이 활발하다. 즉, 겨울에는 차가운 시베리아 고기압의 영향을 많이 받는 것이다. 따라서 구름 낀 날보다는 맑은 날 수가 많아 밤하늘에 별이 아주 잘 보이게 된다. 그러나 다들 아시겠지만 너무나도 추운 계절이기에 밤하늘의 낭만을 찾기에는 썩 좋은 계절이 되진 못하고 있다. 그러나 별을 사랑하는 사람에게는 더없이 좋은 계절이다.

겨울철에는 오리온 자리([그림 4-1] 참조)에서 가장 밝은 별인 베텔기우스와 작은개 자리의 프로키온, 그리고 큰개 자리의 시리우스가 정삼각형을 이루고 있다. 참고로 시리우스는 밤하늘에 빛나는 별 중 가장 밝은 천체이다. 겨울을 대표하는 이 별들을 기준으로 별자리를 찾아간다면, 어떤 별자리라도 쉽게 찾을 수 있을 것이다. 겨울철에는 이 외에도 황소 자리, 마차부 자리, 쌍둥이 자리 등 눈에 잘 띄는 별자리들이 많다.

◆ 북극성은 어떻게 찾나요?

북극성을 찾는데는 북두칠성과 카시오페이아자리를 이용하는 방법이 널리 이용되고 있다. [그림 4-2]를 보면 알 수 있듯이 북두칠성의 경우 α별과 β별을 잇는 선분의 길이를 5배정도 연장하거나, 카시오페이아의 경우에는 α별과 β별의 연장선과 δ별과 ε별의 연장선이 만나는 점과 γ별이 만나는 선의 길이를 약 5배 정도하면 북극성을 찾을 수 있다.

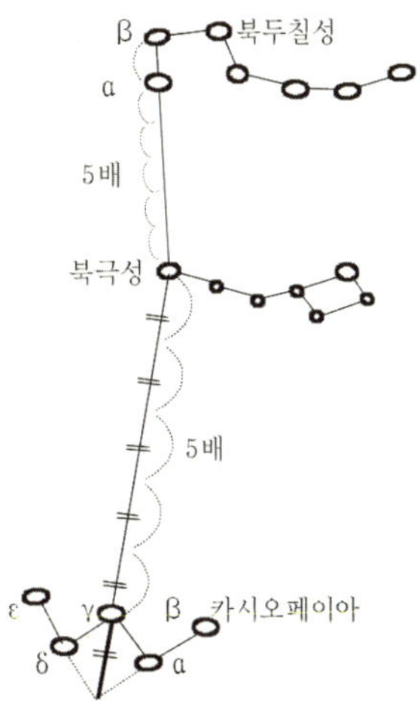

[그림 4-2] 북극성 찾는 법

◆ 별의 밝기는 왜 다른가요?

밤하늘을 수놓는 별을 보면서 자신의 꿈을 이야기하고 사랑을 노래했던 적이 한번쯤은 있을 것이다. 그러다가 별에 관심을 갖기 시작했다면, 하나부터 열까지 모두 "왜?" 라는 질문에 휩싸이게 될 것이다. 별은 왜 빛나는 것일까? 이 별은 밝은데 저 별은 왜 어두울까? 별은 영원히 빛날까? 저 별까지 가려면 얼마나 걸릴까? 별은 얼마나 뜨거울까? 등등…….

이러한 궁금증 중에서 가장 먼저 질문을 던지는 것이 별의 밝기일 것이다. 예를 들어 겨울철 밤하늘을 수놓는 별자리 중에 오리온 자리[그림 4-1]가 있는데, 이 별자리를 구성하고 있는 별 중 베텔기우스라는 별은 밝게 보이는데 비해, 삼태성(오리온 자리의 허리띠)은 베텔기우스보다 어둡게 보인다.

그러면 이러한 밝기의 차이는 어디에서 기인하는 것일까? 이는 별의 광도(光度; luminosity)와 밀접한 관계가 있는데, 광도란 별이 내는 에너지를 의미한다. 만약 별의 질량이 많이 나간다면, 크기도 커야하므로 이를 유지하기 위해서 별은 많은 에너지를 낼 수 밖에 없을 것이다. 그러나 상대적으로 질량이 작은 별은 크기가 작기 때문에 적은 에너지로도 유지가 가능하다. 그러므로 무거운 별은 가벼운 별보다 밝게 보이는 것이다. 그러나 이는 같은 거리에 있을 때나 가능한 이야기이다. 아무리 질량이 많이 나가는 천체라 하더라도 지구에서 아주 멀리 떨어져 있다면, 상대적으로 어두워 보일 것이다. 이는 우리의 일상 생활속에서 쉽게 그 예를 찾을 수 있다. 만약 자기가 살고 있는 마을에 갑자기 정전이 되었을 때, 우리 집의 촛불이 옆 마을의 집에 켜져있는 전등빛보다 밝게 보이는 것과 같은 원리이다.

등급과 광도와의 관계를 식으로 나타내면 다음과 같다.

$$m = -2.5\log l + c \quad \text{------------} \quad (1)$$

이 식에서 m은 우리가 눈으로 볼 때의 등급(안시 등급)을 말하며, l은 별의 광도를 뜻하고, c는 상수이다. 이 식에서 보면 알 수 있듯이 밝은 별일수록 등급은 오히려 작은 값으로 표시되므로 5등급의 별보다 1등급의 별이 더 밝은 것이다.

◆ 별의 등급이 1등급 차이가 나면, 광도로는 얼마만큼의 차이가 나는가요?

다음을 고려해 보자. 임의의 두 별 A, B의 등급을 각각 m_A, m_B 라 하고, 이들의 광도는 각각 l_A, l_B라 해보자. 여기서 (1)식을 이용하여 두 별의 등급차를 구해보면,

$$m_A - m_B = -2.5\log l_A - (-2.5\log l_B) \quad \text{------} \quad (2)$$

이 되고, 이 식을 정리하면

$$m_A - m_B = -2.5\log \frac{l_A}{l_B} \quad \text{------} \quad (3)$$

이 된다. 따라서 두 별 사이의 등급차가 1등급이면, (3)식에서 좌변이 1이므로,

$$1 = -2.5\log \frac{l_A}{l_B}$$

로 표시할 수 있고, 광도의 비 $(\frac{l_A}{l_B})$는 $10^{-0.4}$배 차이가 난다. 그러므로 별들 사이의 1등급의 차이는 밝기(광도)로는 2.5배 차이가 남을 알 수 있다. 따라서 등급차가 5등급이면, 광도는 100배 차이가 난다는 것을 알 수 있다.

◆ 별의 밝기는 거리와는 무관한가요?

같은 밝기의 전구라 하더라도 가까이 있으면 밝게 보이고, 멀리 있으면 어둡게 보이게 마련이다. 그러나 위에서 살펴본 식에서는 별의 밝기와 거리에 대해서는 알 방법이 없다. 광도는 거리의 제곱에 반비례($l \propto \frac{1}{r^2}$)하므로, 식 (2)에 대입하면 식 (4)가 나온다.

$$m_A - m_B = -2.5\log r_A^{-2} - (-2.5\log r_B^{-2}) \quad \text{(4)}$$

이 식을 정리하면 아래의 (5)식이 나오게 된다. 즉, 거리와 등급과의 관계는

$$m_A - m_B = 5\log r_A - 5\log r_B \quad \text{(5)}$$

이 되는 것이다. 만약 두 별 사이의 등급차가 5등급이라면, (4)식에서 거리는 10배의 차이가 난다는 것을 알 수 있다.

여기서 r_B가 10pc인 경우를 가정해 보자. 이 때의 m_B를 M이라 하고, 이는 절대 등급이라 한다. 이렇게 가정하고 구한 식이 (6)식이다. 이는 모든 별을 똑같은 거리에 놓고 등급을 비교하기 위해 정의한 것이다.

$$m - M = 5\log r - 5 \quad \text{(6)}$$

위의 (6)식은 아주 중요한 의미를 갖는다. 만약 어떤 별의 안시등급과 절대등급을 안다면, 별까지의 거리를 결정할 수 있다는 것을 의미하기 때문이다. 따라서 위의 $(m-M)$을 거리 지수(distance index)라고도 부른다.

◆ 별까지의 거리를 구하는 방법은 거리지수를 이용하는 것 외에는 없나요?

별까지의 거리를 구하는 방법에는 위의 방법 말고도 많습니다. 연주시차를 이용하는 방법, 거리 지수, 허블의 법칙, 세페이드 변광성을 이용한 방법, 성단 또는 성운을 이용하는 방법 등등…

이 중 가장 간단하게 또한 가장 정확하게 거리를 결정할 수 있는 방법으로는 연주 시차를 이용한 방법이 있습니다. 연주 시차란 지구가 태양 주위를 공전하면서 별이 상대적으로 움직이는 것처럼 보이는 현상으로 별까지의 거리가 멀어지면, 연주시차는 작게 나타난다[그림 4-3].

이를 식으로 간단히 나타내 보면,

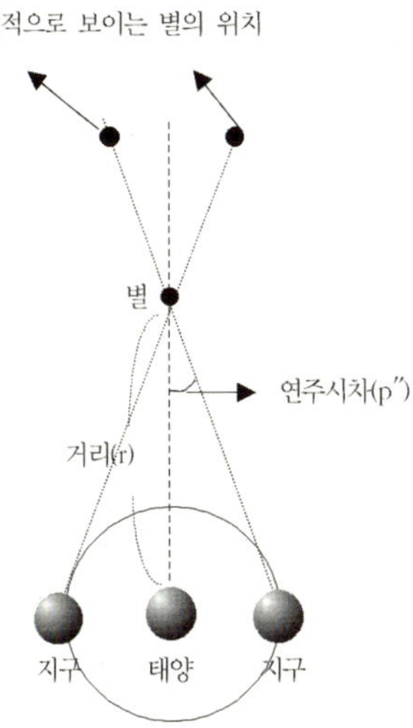

[그림 4-3] 연주시차

$$r = \frac{1}{P''}$$

으로 표현된다. 여기서 P''은 연주시차로 초(") 로 측정이 되고, r은 거리로서 단위는 pc이다. 그러나 연주시차는 거리의 측정을 비교적 정확하게 할 수 있음에도 불구하고 연주시차(P'')가 0.01" 보다 작은 각은 측정 오차 한계를 넘어 거리(r=100pc)를 결정하기가 어렵다. 따라서 연주시차는 태양에서 가까운 천체의 거리를 결정하는데 이용된다.

그러면 조금 먼 거리의 천체까지의 거리는 어떻게 구할까?

앞에서 언급한 거리 지수를 이용하는 방법이 주로 사용된다. 이 방법과 같이 이용되는 것이 세페이드 변광성을 이용하는 것이다. 세페이드 변광성은 주기적으로 맥동하는 변광성으로 이 천체는 특이하게도 주기와 광도사이에 일정한 관계가 주어진다는 것이 관측되었다. 즉 주기가 같은 세페이드 변광성은 어디에 있던 간에 절대 등급은 같다는 것이다[그림 4-4].

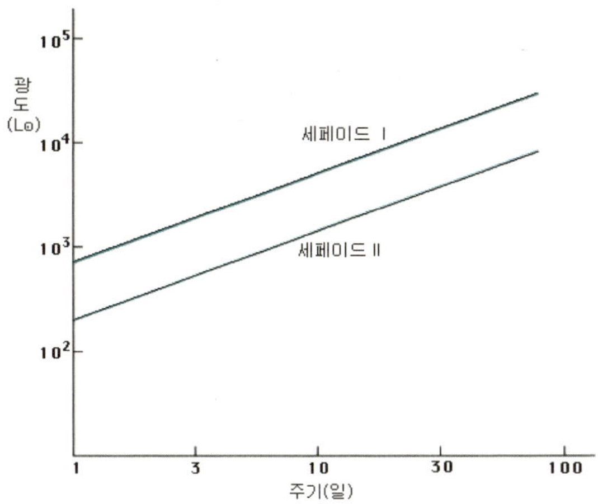

[그림 4-4] 세페이드 변광성의 주기-광도 관계

세페이드는 두 가지로 분류할 수 있는데, 하나는 세페이드 I로서 고전적 세페이드라고도 부른다. 이 천체는 종족 I로서 밝고 중금속함량이 많으며 나선팔에서 주로 발견된다. 또 다른 하나는 세페이드 II로서 대표적인 별의 이름을 따서 W Virginis라고도 부른다. 이 천체는 종족 II로서 어둡고 중금속 함량이 적으며 구상성단에서 주로 발견된다.

이를 이용한 별까지의 거리를 구하는 방법은 다음과 같다. 만약 관측한 천체가 세페이드 II라고 하고, 주기가 10일이라고 한다면, 절대등급이 −3등급이 된다. 눈으로 관측한 겉보기 등급이 12등급이었다면, 이를 거리 지수 공식[위의 (6)식]에 대입하여 거리를 구할 수 있다. 이렇게 구한 이 세페이드까지의 거리는 10^4pc이 된다.

그러면, 아주 멀리 있는 천체는 어떻게 거리를 결정할까? 이는 허블의 법칙을 이용하면 되는데 이는 뒤에 설명하기로 하자.

◆ 별은 왜 색깔이 다른가요?

별은 질량에 따라 나오는 에너지가 다르므로, 이 에너지의 차이가 표면 온도의 차이를 만들고, 이 표면 온도의 차이가 별의 색을 결정하는 원인이 되는 것이다. 일반적으로 밝고 무거운 천체일수록 청색을 띄고, 어둡고 가벼운 천체일수록 점점 붉은색을 띄게 되는 것이다. 대표적인 예로 [그림 4−1]의 〈겨울철 별자리〉 그림을 보면 알 수 있다. 베텔기우스는 붉은색을 띄는 적색 거성이고, 리겔은 청색을 띄고 있음을 볼 수 있다.

그러면 왜 이런 차이가 나는 것일까? 이는 별의 에너지 곡선과 밀접한 관계가 있다.

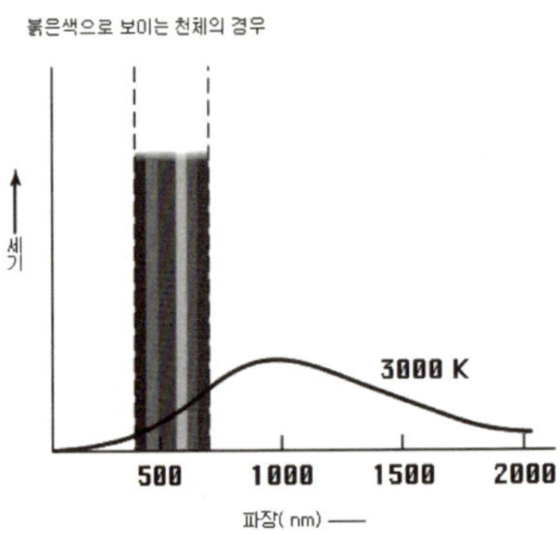

① 붉은색으로 보이는 천체

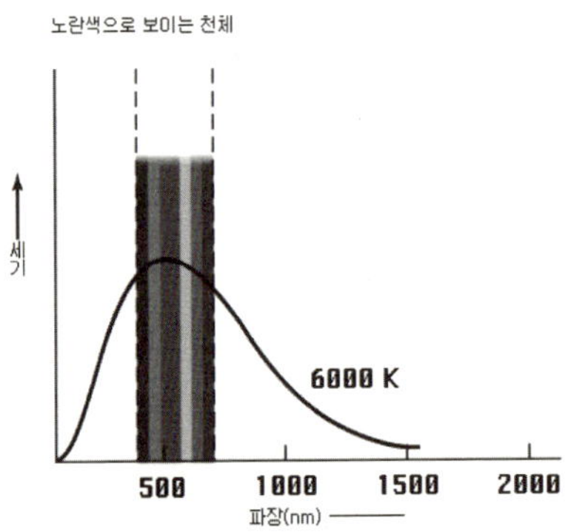

② 노란색으로 보이는 천체

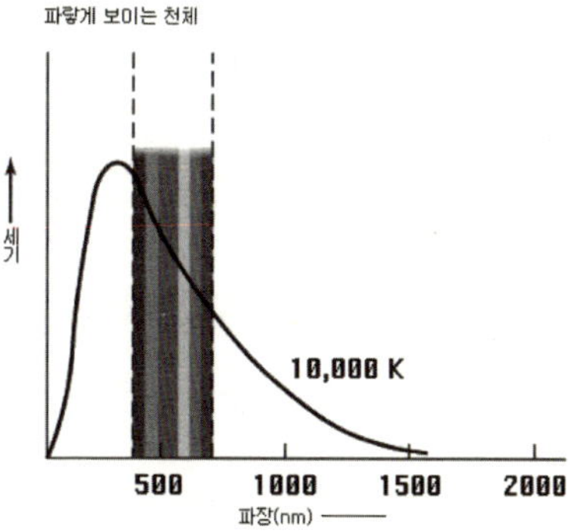

③ 푸른색으로 보이는 천체

[그림 4-5] **별의 온도와 색**

[그림 4-5]의 그림에서 보듯이 별은 온도에 따라 다른 형태의 에너지 곡선을 나타낸다. 온도가 높을수록 에너지 곡선은 파란색 쪽으로 치우쳐서 나타나고, 그로 인해 온도가 높은 별일수록 점점 푸른색을 띄게 되는 것이다. 여기서 천문학자들은 색지수(color index)라는 새로운 용어를 도입하여 사용하고 있는데, 색지수는 각 파장사이에 얼마나 밝고 어두운지를 나타내는 것이다.

예를 들어 [그림 4-5]의 ①번 그림과 ③번 그림을 비교해 보자. ①번 그림에서는 파란색(Blue; B)과 빨간색(Visual; V)의 에너지 분포를 비교해 보면 빨간색쪽에서 더 많은 에너지를 내므로 (1)식에 의하면 빨간색쪽이 더 낮은 등급을 나타낸다. 그러나 ③번 그림의 경우는 이와 반대로 나타나는 것을 알 수 있다. 따라서 B등급에서 V등급을 뺀 차이를 계산해 보면, ①번 그림의 (B−V)는 0보다 크게 나타나고, ③번 그림의 (B−V)가 0보다 작게 나타난다. 이러한 색지수는 결국 별의 온도뿐만 아니라 색과 관계되고, 이를 이용하여 별을 나누어 볼 수 있다.

〈표 4-1〉 별의 분광형과 표면 온도와 색지수

분광형	O	B	A	F	G	K	M
표면온도 (K)	50000−25000	25000−10000	10000−7500	7500−6000	6000−4500	4500−3500	3500 이하
색	파란색	청백색	백색	담황색	노란색	주황색	붉은색
(B−V)	−0.5	−0.3	0.0	0.2	0.5	1.0	2.0
주요 흡수선	He^{+}, Si^{3+}	He, H	H, Mg^{+}, Si^{+}	H, Ca^{2+}, Fe^{+}	Ca^{2+}, Fe^{+}	각종 금속선	TiO 분자선
예	오리온 자리λ	리겔, 스피카	시리우스, 베가	프로키온, 카노푸스	태양, 카펠라	알데바란	안타레스

천체 관측 장비의 발전과 더불어 분광 기술이 발전해 감에 따라 천문학자들은 온도에 따른 스펙트럼을 조사해 보았는데, 그 결과 온도에 따라 나타나는 스펙트럼선에 차이가 난다는 것을 알았다. 이를 분광형으로 나타내며, 따라서 별의 온도는 색지수나 분광형으로 나타낼 수 있다. 각 분광형과 온도 및 색지수의 관계는 〈표 4−1〉에 나타냈다.

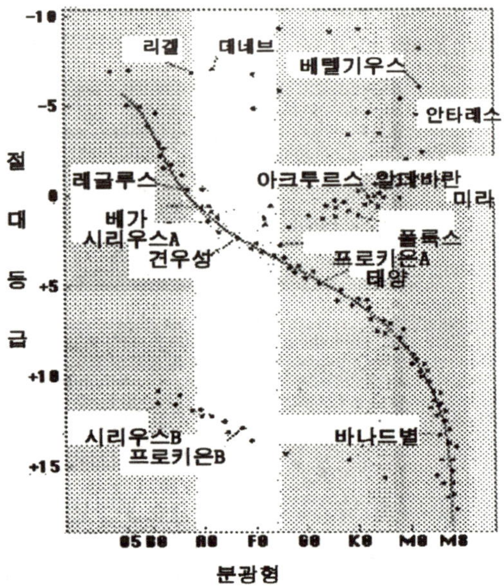

[그림 4-6] H-R 도

◆ H-R도는 무엇인가요?

덴마크의 천문학자인 헤르쯔스프룽(Hertzsp-rung)은 1905년에 분광형에 따라 별의 절대등급의 분포가 일정한 형태를 나타낸다는 것을 지적하였고, 후에 미국의 천문학자인 러셀(Russell)이 이를 체계화하여 나타냈다. 이러한 이유로 분광형과 절대등급(광도)과의 관계를 H-R도라 한다.

이 그래프의 특징을 살펴보면 밝은 별(O, B형별)은 왼쪽 위에 위치하고, 어두운 별일수록 오른쪽 아래에서 나타난다는 것이다. 이 그림에서 실선은 주계열성을 나타내며, 대부분의 천체가 이 선상에 위치한다[그림 4−6].

그러나 베델기우스나 안타레스 등의 몇몇 별들은 주계열성과는 다른 물리량을 갖는 천체로서 온도가 낮은데도 아주 밝다는 것을 알 수 있다. 이를 이상히 여긴 모간과 키난은 연구를 거듭한 끝에 1930년대에 광도 계급을 분류해 놓았다.

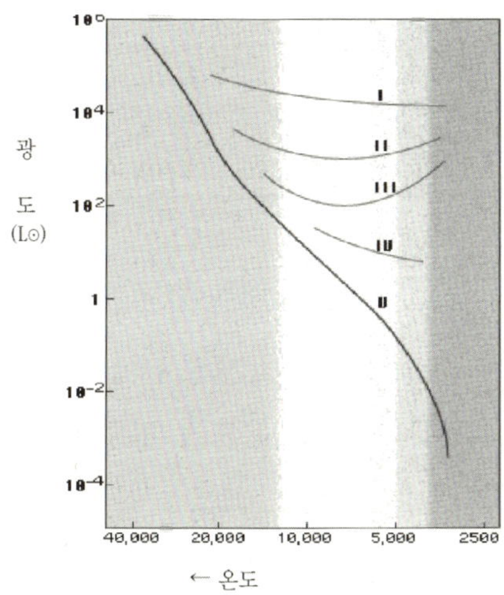

[그림 4-7] 모간-키난의 광도 계급

오른쪽의 [그림 4−7]은 모간과 키난이 분류해 놓은 광도계급이다. Ⅰ은 초거성을 나타내며, Ⅱ는 밝은 거성, Ⅲ은 거성을, Ⅳ는 준거성을 나타낸다. Ⅴ로 나타나는 실선은 주계열성을 의미한다. 이 그림을 토대로 베델기우스와 안타레스의 광도계급을 추리해 보면, 이들은 밝은거성 아니면 초거성일 것이다.

◆ 별이 두 개가 같이 있는 것도 있다면서요?

별이 두 개 이상 같이 존재하는 별을 쌍성(binary)이라 한다. 이들 중 식현상(eclipse)이 나타나는 것을 식쌍성(ecliptic binary)이라 한다.

식쌍성은 한 천체가 다른 한 천체를 주기적으로 가리면서 광도가 변하는 것으로 식변광성(ecliptic variable)이라고도 한다. 쌍성은 우주 공간에 존재하는 별의 약 90%이상을 차지한다. 우리 태양계를 보면 목성의 질량이 지금보다 약 10배정도만 더 무거웠다면 목성도 별로서 밝게 빛났을 것이다. 만약 목성도 태양처럼 빛났다면, 우리 태양계의 모습도 지금과는 완전히 다른 모습이 아니었을까 생각한다.

쌍성에는 식쌍성 외에도 근접쌍성(close binary)이 있는데 이는 한쪽 별의 물질이 다른 한쪽으로 이동해 가면서 광도가 변하는 형태로 나타난다. 쌍성에 대한 모식도와 그 광도의 변화는 [그림 4-8]과 같다.

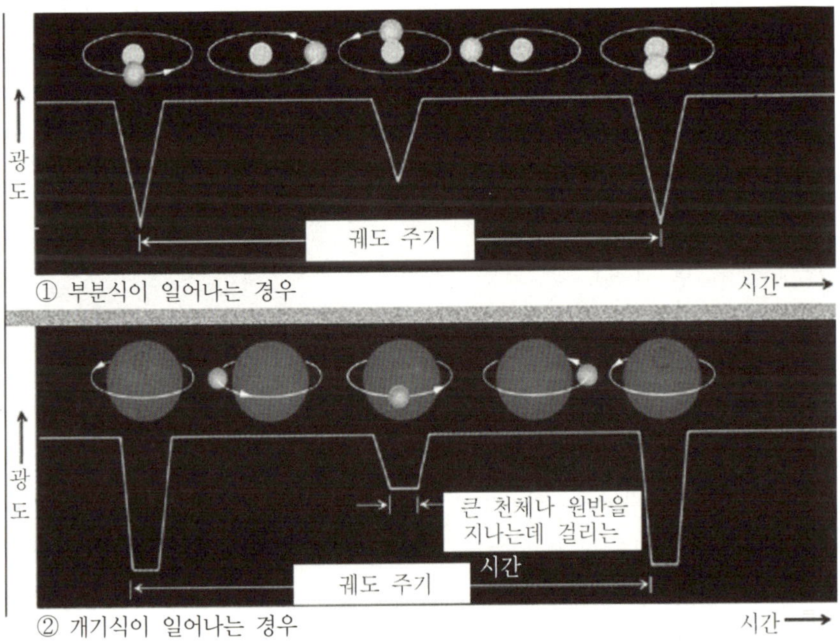

[그림 4-8] 쌍성의 전형적인 광도 곡선

재미있는 탐구활동(별자리 관찰)

1. 별자리판을 준비하자.

2. 별자리판 보는 방법

① 안쪽 테두리에 써있는 것은 시간을 나타낸다.

② 바깥 테두리는 월, 일을 나타내는 것으로 관측하고자 하는 시기를 나타낸다.

③ 위의 설명을 참고로 별자리를 찾아보자.

예를들어 12월 22일 저녁 6시에 어떤 별이 동쪽하늘에서 떠오르는지 확인하려 한다면, 별자리판을 12월 22일 저녁 6시가 되는 위치에 일치시킨다. 이렇게 해서 찾은 동쪽 하늘의 별자리는 사자자리가 나올 것이다.

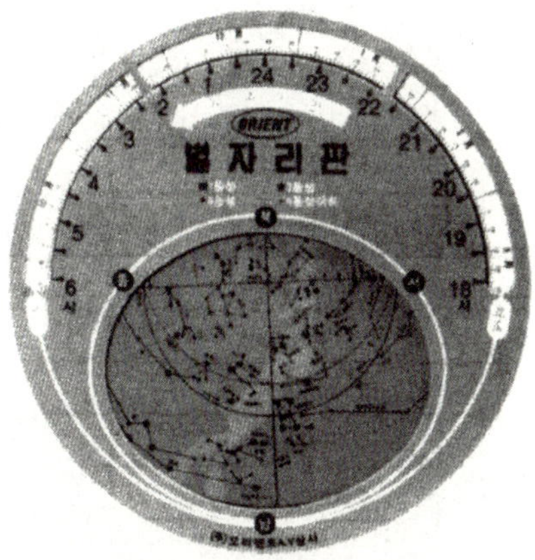

별자리판

④ 위와 같은 방법으로 보고자 하는 별이 오늘 언제 뜨는지 등을 쉽게 알 수 있는 것이다.

3. 한번 찾아보자.

① 3월 30일 21시(저녁 9시)에 보이는 별자리를 5개 이상 적어 보시오.

② 6월 30일 21시(저녁 9시)에 보이는 별자리를 5개 이상 적어 보시오.

③ 9월 30일 21시(저녁 9시)에 보이는 별자리를 5개 이상 적어 보시오.

④ 12월 30일 21시(저녁 9시)에 보이는 별자리를 5개 이상 적어 보시오.

⑤ 사계절 모두 볼 수 있는 별자리가 있는가? 만약 있다면, 어떤 별자리인가?

⑥ 북쪽을 찾는 방법에는 북극성을 이용하는 것 외에도 여러 가지가 있다. 어떤 것들이 있을까?

⑦ 여름철에 별자리를 관찰하기에는 썩 좋지 않다. 왜 그럴까?

재미있는 탐구활동(별자리 사진은 어떻게 찍으면 되는가?)

1. 카메라(B셔터가 되는 것), 필름(ASA 400 이상), 삼각대, 릴리즈, 성도, 렌턴을 준비하자.

2. 별자리는 어떻게 찍으면 될까?

① 먼저 카메라를 살펴보자. 별자리나 성운 및 성단을 사진찍으려면, 카메라가 필수적인데 이때는 자동카메라보다 수동이나 반자동 카메라가 좋다. 일반적으로 별자리나 성운 등의 사진을 찍기 위해서는 1초이상 노출을 주어야 되는데 자동카메라의 경우 1초 이상 노출을 주기 어렵기 때문이다.

② 천체 관측용 필름은 아주 희미한 별빛을 찍어야 하므로 조그마한 빛에도 잘 반응하는 것이어야 한다. ASA는 필름의 감도를 나타내는 것으로 ASA의 수가 높을수록 조그마한 빛에도 반응을 잘한다는 뜻이다. 보통 시중에 나와있는 필름 중 이러한 조건을 어느 정도 충족시켜주는 것이 ASA 400정도인 필름이다. 일반 관측자라면 이정도의 필름 감도로도 괜찮은 사진을 얻을 수 있을 것이다.

③ 릴리즈는 무엇이고 어디에 쓰는 것일까?

예를 한번 들어보자. 만약 관측자가 1시간 동안 별의 일주운동을 찍으려고 한다고 해 보자. 1시간 동안 셔터를 누르고 있다보면, 카메라가 움직이게 될 것이다. 더군다나 급한 볼일이라도 생긴다면, 애써서 찍었던 사진이 원하던대로 나오지 않을 것은 당연한 일일 것이다. 이럴 때 필요한 것이 릴리즈인데, 이것은 셔터의 조그마한 홈에 꽂고 눌러 놓으면, 장시간의 관측을 하더라도 사람의 움직임에 의한 흔들림은 나타나지 않게 된다. 따라서 천체 관측을 할 때 릴리즈는 필수적인 것이라고 할 수 있다.

④ 위의 준비물이 모두 갖추어 졌다면, 별자리 사진은 어떻게 찍으면 될까?

먼저 카메라에 필름을 넣은 후, 삼각대에 카메라를 고정시키고 찍고자 하는 별자리에 카메라를 일치시킨다. 별자리를 사진찍을 때는 보통 사용하는 카메라 렌즈(35mm 또는 50mm렌즈)를 사용하는 것이 좋다. 이러한 렌즈를 표준렌즈라고 하는데, 표준렌즈를 쓸 경우 필름상에서 별의 일주운동으로 인한 별의 이동(사진상에서 원호 모양으로 나타남)이 관측되지 않는 시간이 보통 5초~15초 정도이므로 이정도 노출을 주면 괜찮은 별자리 사진을 얻을 수 있다.

요즈음 디지털카메라의 성능이 좋아지면서 이를 활용한 천체 사진 촬영이 보편화되었다. 주로 천체사진 촬영에 이용되는 디지털카메라는 DSLR카메라로 장시간 노출을 줄 수 있어야 한다. 그러나 디지털 카메라의 경우 카메라마다 다르긴 하지만 5분 이상의 장노출은 열잡음으로 인해 화상이 타게 된다. 따라서 디지털 카메라를 이용한 일주운동이나 천체사진 촬영은 5분 미만으로 천체를 여러 장 사진 촬영하여 컴퓨터 프로그램을 이용하여 합성하는 방식을 취하게 된다.

별자리나 별의 일주운동을 사진찍을 때는 망원렌즈를 사용하는 것은 권하고 싶지 않다. 망원렌즈를 쓸 경우 시야가 좁아져 별자리 전체가 카메라에 잡히지 않는 경우가 발생할 수 있고, 또한 일반 렌즈와 같은 노출시간을 주었다 하더라도 별의 일주운동으로 인한 별의 이동현상이 나타나기 쉽기 때문이다. 물론 주위에 불빛이 없는 어두운 곳에서 사진을 찍어야 한다. 이는 주위의 불빛에 의한 영향을 없애기 위한 것이다.

사진 관측시 중요한 일 중에 하나가 관측일지의 작성이다. 우리가 사용하는 일반적인 필름은 둥근 형태의 롤필름(roll film)이다. 이 필름의 경우 카메라에 한번 넣으면 보통 24장 이상의 사진을 얻을 수 있다. 따라서 사용한 필름의 몇 번째에 어떤 천체를 언제 찍었는지 등을 기록해 두지 않으면, 나중에 사진을 뽑아도 무슨 사진인지, 어떻게 찍었는지 등을 알기 어렵게 된다. 그러므로 사진을 찍을 때는 반드시 관측일지를 작성하는 습관을 길러야 한다.(부록 참조)

그럼 노출을 많이 주면 어떻게 될까? 1강에서 간단하게 설명했던 지구의 자전에 의한 별의 일주 운동이 관측된다.

3. 사진을 찍어볼까요.

① 계절별로 대표적인 별자리가 있다. 표준렌즈를 사용하여 사진을 찍어보자.

② 망원렌즈가 있다면, 이를 이용하여 같은 별자리를 표준렌즈와 동일한 시간동안 사진을 찍어보자.

③ ①, ②번과 같이 촬영한 사진을 비교해 보자. 어떤 차이가 있는가?

제 5 강

태양계

◆ 태양계란 무엇인가요?

태양계란 태양을 중심으로 하여 그 인력권내에서 운동하고 있는 모든 천체들 즉, 행성(planet) 8개, 위성(satellite) 160개 이상, 수많은 소행성(asteroid), 혜성 그리고 별똥별(meteorite) 및 행성간 물질(inter planetary medium) 들을 포함한다. 이들은 태양과 상호간의 만유인력으로 유지된다[그림 5-1].

태양은 태양계의 총 질량 중 99.8%를 차지하고, 나머지는 행성 등 다른 천체들이 차지하고 있다. 따라서 태양계의 모든 물체는 태양의 강한 인력권에 묶여 운동하고 있다.

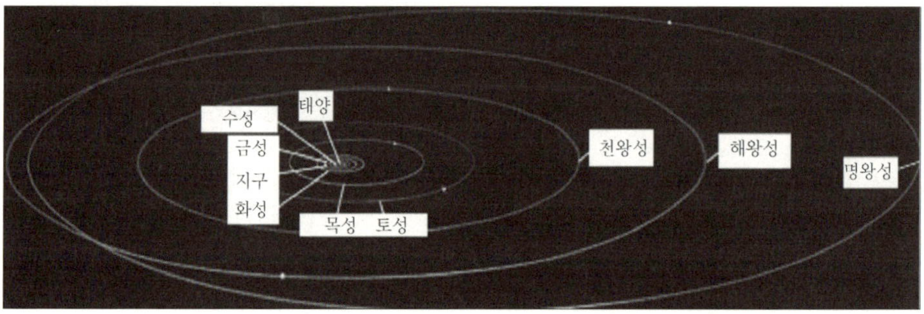

[그림 5-1] 태양계(명왕성은 2006년 왜소행성으로 분류되어 행성 목록에서 사라지게 되었다.)

◆ 태양계는 어떻게 만들어졌나요?

태양계가 어떻게 만들어졌는가에 대한 가설로는 성운설, 조우 · 조석설, 폭발설, 와동설, 연성설 등이 있는데, 이중 성운설이 가장 타당성 있게 접근되었다. 성운설은 1700년대 후반에 칸트와 라플라스에 의해 처음으로 제기되었는데, 후에 가스 덩어리의 형성 과정을 설명하지 못하여 이 설은 인정받지 못하였다. 그 후 1940년경에 독일의 물리학자 와이제커라는 사람이 성운설에 대한 몇 가지 증거를 제시하여 타당한 학설로 받아들여지기도 하였으나, 목성형 행성에만 있는 고리의 형성에 대한 설명을 하지 못해 다시 벽에 부딪히고 말았다.

이들 이론은 요즈음도 계속 수정을 거듭하고 있으며, 수정된 이론에는 성운 · 원판 모델, 화학적 응결 순서 모델등이 있다. 수정된 이론 중 성운 · 원판 모델[그림 5-2]은 우주 공간에 맨 처음 아주 뜨거운 가스 덩어리가 있어, 그 가스 덩어리가 냉각과 회전 운동을 하는 동안에 수많은 작은 덩어리가 떨어져 나가 계속하여 원래의 큰 덩어리를 에워싸고 빙빙 돌게 되는데, 그 중심이 되는 것이 곧 태양이고 그 주위에 행성, 위성 등이 형성되었다는 설이다.

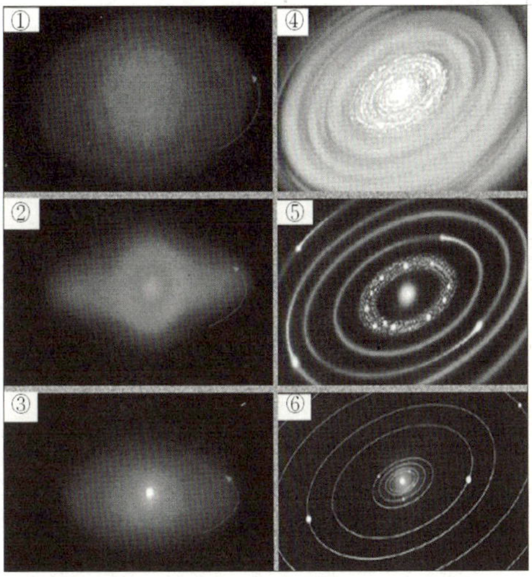

[그림 5-2] 태양계의 생성 과정
(성운-원판 모형)

◆ 행성들은 어떻게 나누어지고, 어떤 운동을 할까요?

행성은 태양에 비해서 월등히 작고, 태양의 인력으로 태양 주위를 공전하면서 태양의 빛을 받아 온도를 유지하는 천체이다. 행성이라는 말은 그리스어로 '방랑자'라는 말에서 유래된 것처럼 황도근처를 움직인다. 행성은 태양 가까운 곳에서

부터 수성(Mercury), 금성(Venus), 지구(Earth), 화성(Mars), 목성(Jupiter), 토성(Saturn), 천왕성(Uranus), 해왕성(Neptune)이 있다. 이들 행성들은 지구의 안쪽에 있느냐, 바깥쪽에 있느냐에 따라 내행성(interior planets)과 외행성(exterior planets)으로 나눈다.

또한 이들 행성들은 물리적인 성질에 따라서 지구형 행성(earthlike planets)과 목성형 행성(jupiterlike planets)으로 나뉜다. 지구형 행성은 수성 · 금성 · 지구 · 화성 등을 말하는데, 직경이 지구의 직경보다 작고, 평균 비중은 4~5로서 비교적 크며 자전주기도 대략 24시간 이상이다. 목성형 행성은 목성 · 토성 · 천왕성 · 해왕성 등을 말하는데, 직경이 지구의 수 배 내지 수 십배에 달하고, 평균 비중은 1에 가까우며, 자전주기도 12시간 이내가 된다. 〈표 5－1〉는 각 행성들의 물리량을 비교한 것이다.

(맨 위쪽에서부터 수성, 금성, 지구, 화성, 목성, 토성, 천왕성, 해왕성으로 구분된다. 여기에서 지구는 위성인 달도 함께 나타냈다. 수성과 금성은 내행성, 화성부터 해왕성까지는 외행성이라 한다. 여기에 나타난 행성의 크기는 실제 크기가 아니라 임의대로 그린 것이다. 참고로 목성은 지구 반지름의 10배이다. 이 그림 상에서 지구형 행성과 목성형 행성의 특징도 함께 볼 수 있다.)

[그림 5-3] 행성들

이들 행성을 황도 북극에서 내려다보면, 태양을 중심으로 반시계 방향으로 공전하고 있다. 행성 중 몇 개는 위성이 있는데, 그 위성들은 대부분 그 행성 주위를 타원 궤도로 돌고 있으며, 궤도면은 그 행성의 공전 궤도면과 거의 일치하고, 공전방향과 거의 같은 방향으로 돌고 있다(예외, 해왕성의 위성 트리톤은 행성의 자전과 반대 방향으로 공전함).

〈표 5-1〉 **행성들의 물리량**

행성	장반경 (AU)	공전 주기 (년)	궤도 이심률	궤도 기울기 (°)	질량 (지구=1)	크기 (지구=1)	평균 밀도 (g/cm^3)	표면 중력 (지구=1)	자전 주기	기호	위성수
수성	0.39	0.24	0.206	7.00	0.055	0.38	5.4	0.38	58.6일	☿	–
금성	0.72	0.62	0.007	3.39	0.815	0.95	5.2	0.91	243일	♀	–
지구	1.00	1.00	0.017	0.00	1.000	1.00	5.52	1.00	$23^h56^m4^s$	⊕	1
화성	1.52	1.88	0.093	1.85	0.107	0.53	3.9	0.39	$24^h37^m23^s$	♂	2
목성	5.20	11.86	0.048	1.31	318	11.19	1.40	2.74	9^h50^m	♃	63
토성	9.54	29.46	0.056	2.49	95	9.01	0.69	1.17	10^h	♄	60
천왕성	19.19	84.07	0.046	0.77	14.5	3.93	1.19	0.94	17^h	⛢	27
해왕성	30.06	164.81	0.010	1.77	17.2	3.87	1.66	1.15	17^h50^m	♆	13

◆ 내행성(금성)은 어떻게 운동할까?

[그림 5-4]는 내행성의 내합(內合, inferior conjunction), 외합(外合, superior conjunction), 동방최대이각(greatest eastern elongation), 서방최대이각(greatest western elongation)을 나타내고 있다. 태양, 내행성 및 지구가 일직선상에 있을 때를 합이라고 하는데, 내행성이 지구와 태양 사이의 안쪽에서 일치할 때를 내합(위의 그림에서 A), 태양 바깥쪽, 즉 가장 먼 곳에 위치할 때를 외합(E)이라고 한다. 그러나 내합의 위치에 행성이 위치하면, 우리 눈에 밝은 부분이 보이지 않으므로 볼 수 없게 되고, 외합의 위치에 있는 경우에는 태양의 뒤로 숨어버리기 때문에 볼 수 없게 된다. 즉, 내행성이 합의 위치에 있으면 우리는 이 행성을 볼 수

없게 된다. 태양 - 지구 - 내행성이 이루는 가장 큰 각을 최대이각이라 하는데, 내행성이 태양의 동쪽에서 최대이각을 갖게 되는 경우는 동방최대이각(a), 태양의 서쪽에서 갖게 되는 경우는 서방최대이각(b)이라고 한다[그림 5-5].

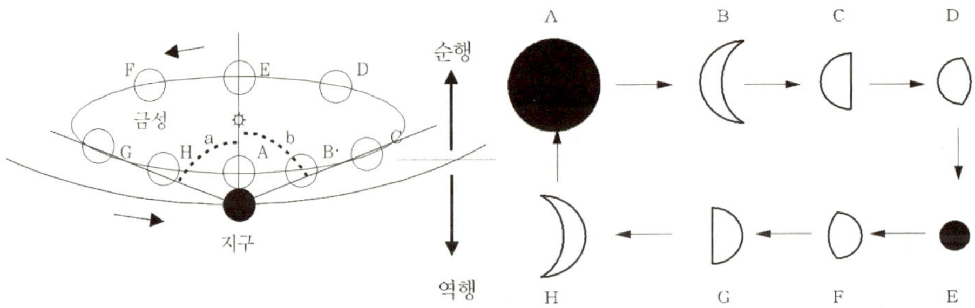

① 내행성의 운동　　② 금성의 위상 변화

[그림 5-4] 내행성과 지구와의 관계

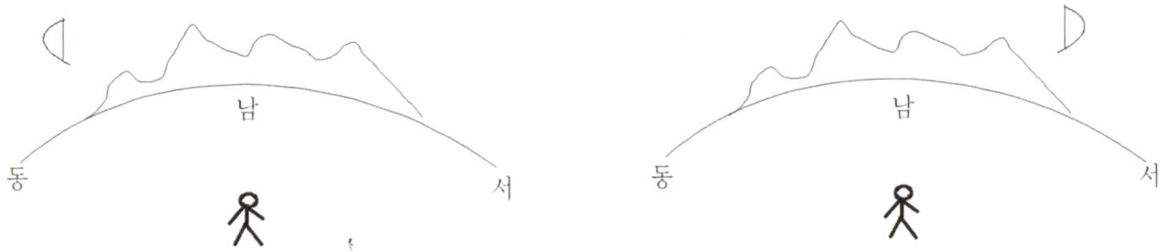

① 새벽의 금성(서방최대이각)　　② 저녁의 금성(동방최대이각)

[그림 5-5] 금성의 움직임

내행성의 최대이각은 수성의 경우 17°~28°, 금성의 경우 47°이다. 수성의 경우 최대이각의 변화가 심한 이유는 태양을 중심으로 한 공전 궤도 이심율이 매우 크기 때문이다〈표 2〉. 금성이 서쪽에서 동쪽으로 이동하는 것은 순행이고, 동쪽에서 서쪽으로 이동하는 것을 역행이라 한다. 역행은 내합부근에서 일어난다. 금성은 지구와 가깝기 때문에, [그림 5-4, ②]와 같이 크기가 달라보이는 특이한 위상 변화가 나타나게 된다.

금성은 초저녁과 새벽녘에 잘 보이는데, 그 이유는 태양과 너무 가까이 있어서 태양이 뜨기 바로 직전이나 태양이 진 바로 직후에만 볼 수 있는 것이다. 금성이 태양의 동쪽에 있으면 태양이 먼저 떠서 먼저 지므로 태양이 진 후 바로 보이게 된다. 따라서 초저녁 서쪽 하늘에서 상현달 모양의 금성을 볼 수 있다. 그리고 금성이 태양의 서쪽에 있으면 금성이 태양보다 먼저 떠서 먼저 지므로 태양이 뜨기 직전인 새벽녘에 동쪽 하늘에서 하현달 모양으로 볼 수 있다.

◆ 외행성(화성)은 어떻게 운동할까?

[그림 5-6]은 외행성의 합(conjunction), 충(opposition), 동구(eastern quadrature), 서구(western quadrature)를 나타내고 있다. 합(C)은 행성이 태양 뒤에 위치할 때이고, 충(A)은 지구가 외행성과 태양 사이에 위치할 때이다. 외행성이 태양의 방향과 90°되는 위치에 올 때를 구라 하는데, 태양으로부터 동쪽으로 90°떨어지면 동구(D)이고, 서쪽으로 90° 떨어지면 서구(B)이다. 외행성이 합에 있으면 태양과 같은 시각에 떠서 같이 지므로 볼 수 없으며, 충에 있으면 지구와의 거리도 가깝고, 태양과 12시간 차이가 나므로 해가 진 후부터 해가 뜰 때까지 보이게 된다.

또한, 동구에 외행성이 있으면 태양의 동쪽으로 90°의 위치에 있으므로 해가 진 후 6시간 동안만 관측할 수 있게 된다. 그리고 서구에 외행성이 있으면 태양의 서쪽으로 90°떨어져 있으므로 태양이 뜨기 전에 6시간 동안 볼 수 있다. 외행성인 화성

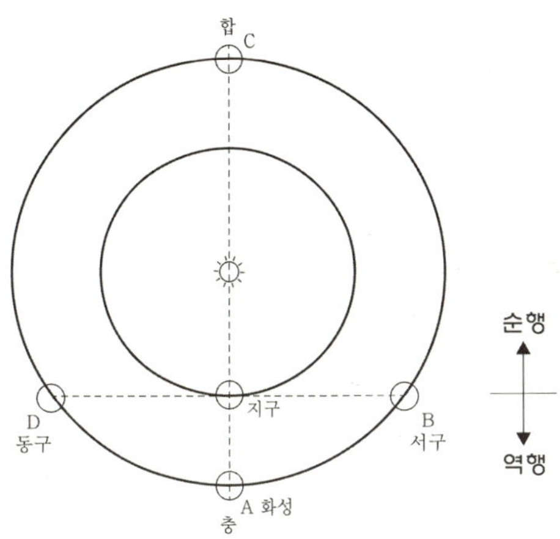

[그림 5-6] 화성과 지구의 관계

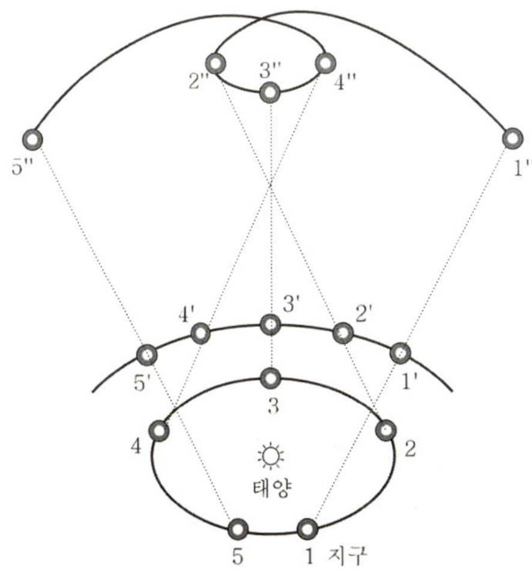

[그림 5-7] 화성의 겉보기 운동

의 순행과 역행은 [그림 5-7]과 같다. 외행성은 충 부근에서 역행하며, 이 때는 자정에 남쪽하늘에서 관측된다. 화성의 역행 기간은 약 80일로 금성의 2배정도 된다. 금성의 위상은 보름달 형태를 제외하고는 거의 모든 형태가 관측 가능하지만, 외행성의 경우에는 거의 전부 보름달 형태로 관측된다. 그리고 합일 때는 내행성의 외합처럼 역시 관측되지 않는다.

◆ 회합주기(會合週期, synodic or sidereal periods)란 무엇인가?

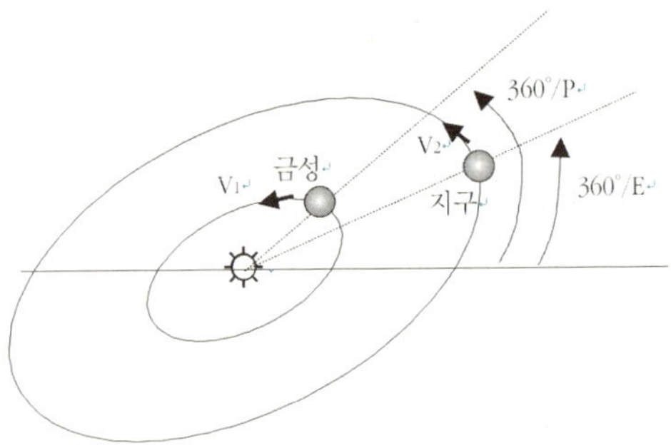

[그림 5-8] 회합주기

회합이란 어떤 행성이 합(내합, 외합, 충)에 있다가 얼마 후에 다시 합(내합, 외합, 충)이 되는 것을 말하고, 한 회합에서 다음 회합이 되는 기간을 그 행성의 회합주기라 한다[그림 5-8]. 어느 내행성의 공전 주기를 P일이라 하면, 태양에서 보아 이 행성은 매일 360°/P만큼 움직인다. 지구의 공전 주기를 E일이라 하면, 지구는 매일 360°/E만큼 움직인다. 따라서, 내행성은 매일 360°/P−360°/E 만큼 지구를 추월하여, 이 각도가 360° 되는 기간(즉, 태양과 내행성, 지구가 다시 일치하는 기간)이 다음 식과 같은 회합 주기 S이다. 즉, $(360°/P-360°/E)\times S=360°$가 된다. 이 식을 정리하면 내행성의 경우 $1/P-1/E=1/S$이 되고, 외행성의 경우에는 지구 쪽이 추월해 가는 것이므로 부호가 반대가 되어 $1/E-1/P=1/S$이 된다.

◆ 지구중심설(geocentric theory)과 태양중심설(heliocentric theory)은 무엇이 다른가요?

지구중심설은 아리스토텔레스가 처음으로 주장한 학설로 후에 프톨레마이오스가 수정하여 제시하였다[그림 5−9]. 프톨레마이오스는 [그림 5−9]처럼 지구를 중심으로 하여 7개의 동심원이 있어 달과 태양은 그 동심원상을 움직이고 있으나, 5개 행성은 각 동심원상에 중심을 갖는 제2의 원이 있어 그 원 위를 서쪽에서 동쪽(반시계방향)으로 회전할 것이라 생각하였다. 지구중심설은 행성의 겉보기 운동, 역행, 순행, 각 행성까지의 거리가 다른 이유, 수성과 금성의 최대이각 등의 현상을 나름대로 설명하였으며, 중세의 암흑시대를 걸쳐 1,300여년간 믿어왔다. 그러나, 이 지구중심설로는 금성의 위상 변화 및 행성의 역행 등을 실제 일어나는 현상과 일치시키기 어려웠고 지구중심설로 예측한 행성의 운동이 실제와 달라 문제제기가 지속적으로 있어왔다.

태양중심설은 16세기초 폴란드의 천문학자 코페르니쿠스(Copernicus)에 의해 가장 먼저 주장되었던 설이다. 코페르니쿠스는 태양이 우주의 중심에 있고, 그 주위를 모든 행성이 공전하고 있다고 생각하였다[그림 5−10]. 이탈리아의 천문학자 갈릴레오(Galileo)는 망원경으로 목성의 위성과 금성의 위상변화를 발견하여 태양중심설의 타당성을 인정하였고, 또 독일의 천문학자 케플러(Kepler)는 행성의 운동에 대한 법칙을 발견하여 태양중심설의 타당성을 확증하였다.

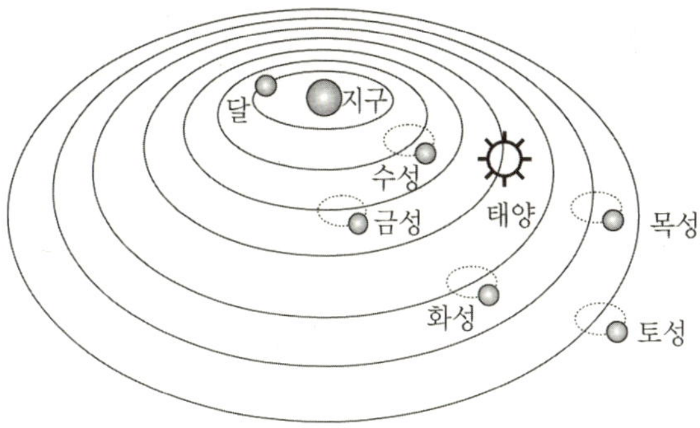

[그림 5−9] 지구중심설

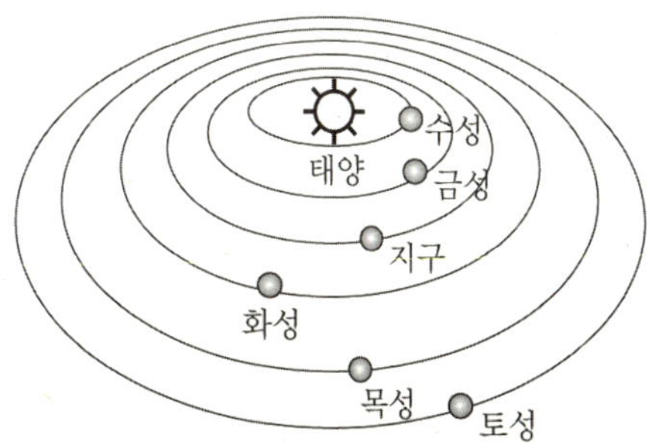

[그림 5−10] 태양중심설

◆ 케플러(Kepler)의 법칙이란 무엇인가?

케플러는 행성의 겉보기 운동을 관측하여 행성의 공전에 대한 다음과 같은 세 가지 법칙(제1법칙, 제2법칙, 제3법칙)을 발표하였다[그림 5-11].

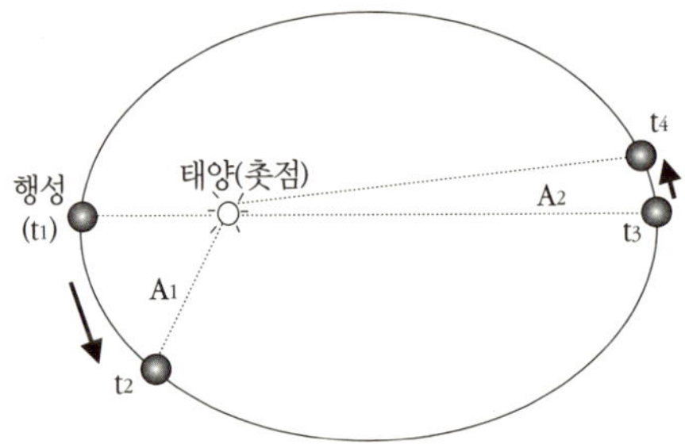

[그림 5-11] **케플러 법칙**

케플러는 그의 스승인 티코 브라헤가 관측해 놓은 자료를 분석한 결과, 모든 행성은 태양(초점)을 중심으로 타원궤도를 돌며[케플러 제 1법칙], 행성이 $t_1 \rightarrow t_2$로 이동하면서 휩쓸고 간 면적(A_1)과 $t_3 \rightarrow t_4$로 이동하면서 휩쓸고 간 면적(A_2)은 같다[케플러 제 2법칙]는 것을 알았다. 또한 행성이 태양 주위를 한바퀴 돌 때 걸리는 시간(주기)과 궤도 반지름과의 사이에 일정한 관계가 존재함을 밝혔다[케플러 제 3법칙].

제1법칙은 타원궤도의 법칙으로, 행성의 궤도는 태양을 하나의 초점으로 하는 타원이라는 것이다. 이때 태양에 가장 가까운 점을 근일점, 가장 먼 점을 원일점이라 한다.

제2법칙은 면적 속도 일정의 법칙으로, 행성과 태양을 연결한 직선은 같은 시간에 같은 면적을 쓸고 지나간다는 것이다. 즉 행성의 공전 속도는 태양에 가까워지면 빨라지고, 멀어지면 느려진다.

제3법칙은 조화의 법칙으로, 행성의 공전 주기(P)의 제곱은 공전 궤도의 장반경(a)의 세제곱에 비례한다는 것이다. 즉 「a^3/P^2=일정」이다.

재미있는 탐구활동(태양계 모형 만들기)

여기서는 태양계를 구성하는 천체들의 크기와 태양으로부터의 거리에 대해 두 가지로 나누어 탐구활동을 전개해 보자. 아래의 표는 태양계 내의 천체들의 반지름과 태양으로부터의 거리를 나타낸 것이다.

	태양	수성	금성	지구	화성	목성	토성	천왕성	해왕성	명왕성
반지름(지구=1)	109	0.38	0.95	1	0.53	11.19	9.41	4.01	3.98	0.18
태양으로부터의 거리(1AU)	-	0.39	0.72	1	1.52	5.2	9.54	19.18	30.06	39.44

♧ 태양계의 크기 비교

1. 고무찰흙과 좁쌀(1mm정도 되는 것)을 준비해 보자.

2. 고무찰흙을 이용하여 행성을 만들어 보자.
   ① 좁쌀이 지구라고 생각하고, 위의 표를 참조하여 고무찰흙으로 여러 천체들의 형태를 만들어 보자.
   ② 수성, 금성, 지구, 화성 및 명왕성은 크기가 너무 작으므로 따로 고무찰흙을 이용하여 비교해 보자.

♧ 태양으로부터의 거리 비교

1. 큰 하드보드지, 압정(10개) 및 5m 길이의 종이 테이프를 준비하자.

2. 태양으로부터의 상대적인 거리를 비교해 보자.
   ① 5m 종이테이프를 길게 펼쳐 놓는다.
   ② 한쪽 끝을 압정으로 고정시키고, 이 지점을 태양이라 가정하자.
   ③ 위의 표에서 지구와 태양사이의 거리를 1cm라고 가정하여 그 위치를 압정으로 고정하자. 이 지점은 지구가 위치하는 곳이다.
   ④ 이러한 방법으로 각 행성들을 표시해 보자.

3. 결과는 어떻게 나타나는가?

① 찰흙으로 만든 것을 이용하여 행성 중 가장 큰 천체는 어떠한 것인가?

② 화성과 목성 사이에 소행성대가 위치한다. 어디쯤 될까 종이테이프 위에 표시해 보자.

③ 태양계를 구성하는 천체 중 가장 질량이 많이 나가는 것은 어떤 것일까 생각해 보자.

재미있는 탐구활동(금성의 위상 변화 모형)

1. 전구와 공(6개)을 준비해 보자.

2. 공의 위상 변화는 어떻게 나타나는가?

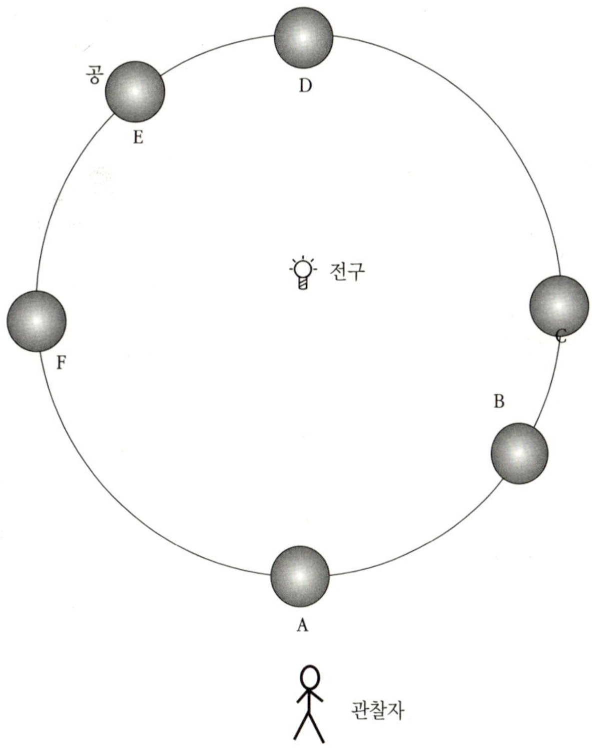

① 전구를 중심으로 주위에 원을 그리고, 그 원 위에 공을 그림처럼 위치시킨다. 이때 전구를 중심으로 원을 크게 할수록 좋다.

② 관찰자는 한 지점에 위치하여 각 지점에서 밝은 부분을 스케치 해보자.

3. 결과는 어떻게 나타나는가?

① 각 지점에서 공의 밝은 부분과 어두운 부분을 나누어 아래에 스케치 해보자.

A	B	C	D	E	F

② 공이 가장 크게 보일 때는 어느 지점에 있을 때인가? 그 이유는 무엇이라 생각하는가?

③ 공의 밝은 부분이 보이지 않을 때가 있다. 언제인가?

④ 위의 공을 금성이라 가정하고, 새벽에 볼 수 있는 것은 금성이 어느 지점에 위치해 있을 때인지 생각해보자.

⑤ 달도 금성처럼 위상 변화가 관찰된다. 이 둘사이의 위상변화 중 가장 큰 차이점은 무엇이라 생각하는가?

재미있는 탐구활동(지구중심설과 태양중심설)

1. 스티로폼 구, 철사

2. 실험을 해 봅시다.

① 스티로폼을 준비한 후 철사를 둥글게 한다. 이렇게 철사로 만든 동심원 모양을 크기를 달리하여 행성의 개수만큼 만든다.

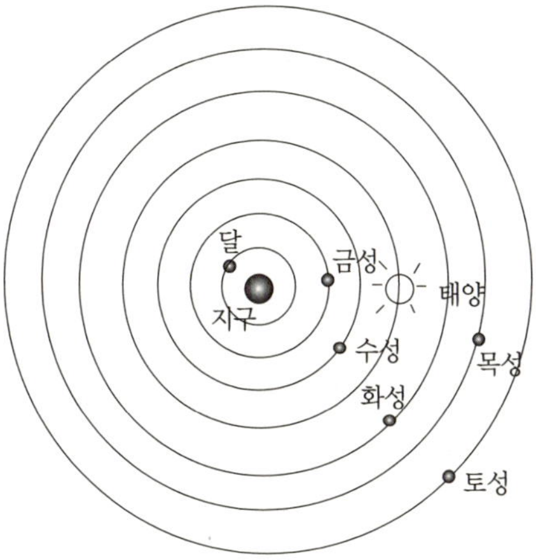

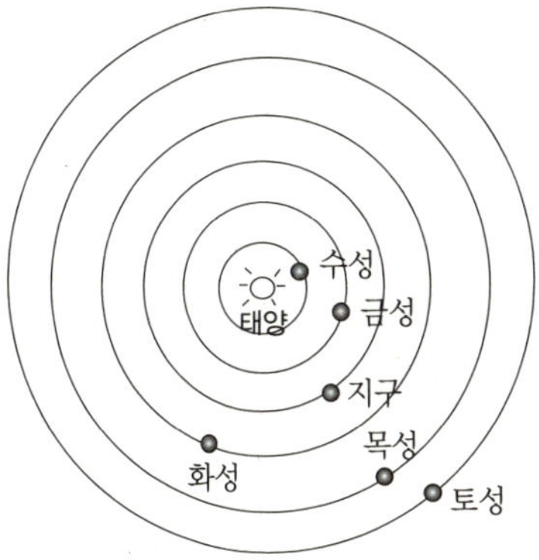

② 중심에 지구를 위치시키고, 가까운 쪽부터 달, 금성, 수성, 태양, 화성, 목성의 순으로 위치시킨다.

③ 이번에는 태양을 중심에 위치시키고, 가까운 쪽부터 수성, 금성, 지구, 화성의 순으로 위치시킨다.

3. 결과는 어떻게 나오는가?

① 지구중심설의 단점은 무엇인가?

② 코페르니쿠스가 태양중심설을 주장하고, 여러 사람들이 이를 증명하기 위해 여러 가지 관측을 하였다. 지구가 공전하는 증거는 무엇이고, 이 시대에 관측 불가능했던 것은 무엇인가?

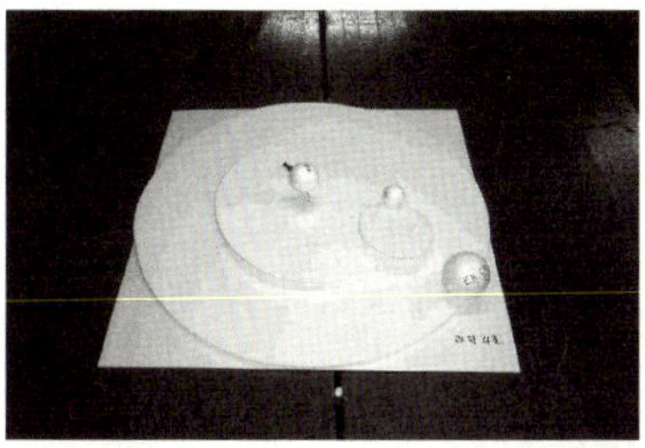

지구중심설(천동설) 모형

③ 지구중심설의 단점을 보완하기 위해 그 당시 천문학자는 어떻게 했는가?

재미있는 탐구활동(금성의 천구상의 움직임 그리기)

1. 스티로폼 구, 철사, 종이테이프, 스카치 테이프

2. 실험을 해 봅시다.
   ① 그림과 같이 철사와 스티로폼을 이용하여 모형을 먼저 만든다.
   ② 종이테이프를 지구 반대편에 붙이고, 그림에서처럼 동, 서를 표시한다.
   ③ 지구의 위치에서 금성(A~H)을 바라보며, 종이테이프 상에서의 위치를 필기구를 이용하여 표시한다.

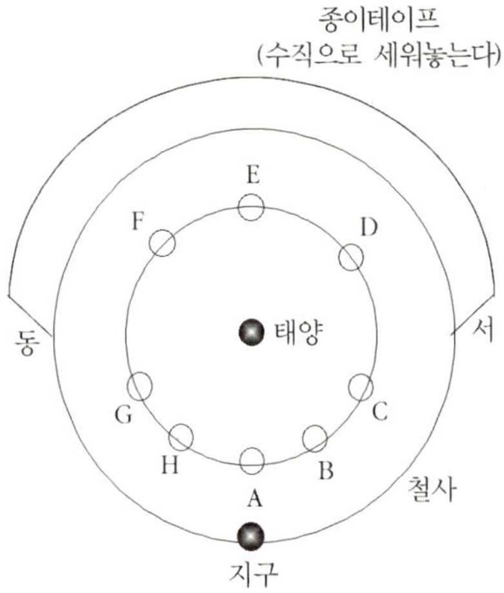

3. 결과는 어떻게 나오는가?
   ① 지구에서 보았을 때, 종이테이프 상에서 동에서 서로 위치가 변하는 곳은 A~H 중 어느 곳인가?

   ② 종이테이프 상에서 지구나 금성의 공전 방향과 같은 방향으로 이동하는 위치는 A~H 중 어느 곳인가?

   ③ ①, ②번 중 어떤 것이 역행인가?

   ④ 동쪽하늘에서 관측할 수 있는 위치는 어느 곳인가?

   ⑤ A~H 중 관측 불가능한 곳은?

재미있는 탐구활동(화성의 천구상의 움직임 그리기)

1. 스티로폼 구, 철사, 종이테이프(투명 아크릴 판), 스카치 테이프

2. 실험을 해 봅시다.
   ① 종이테이프를 화성궤도 바깥쪽에 붙인다.
   ② 지구의 위치를 고정하고 화성의 위치를 A~H까지 변화시켜 가면서 그 위치를 확인한다. 참고로 이 실험을 할 때는 투명 아크릴 판을 이용하는 것이 좋다. 그 이유는 지구의 위치에서 화성의 위치를 확인하기 쉽기 때문이다.
   ③ 펜을 이용하여 지구에서 본 화성의 위치를 종이테이프(투명 아크릴 판) 위에 표시한다.

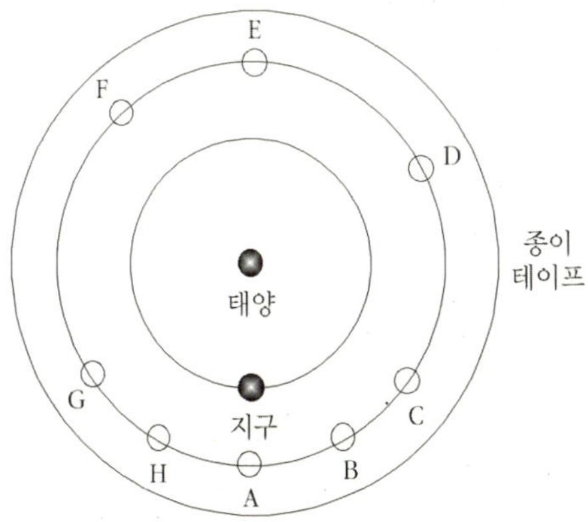

3. 결과는 어떻게 나오는가?
   ① 화성이나 지구의 실제 공전 방향과 종이테이프(투명 아크릴 판)상에서 화성의 움직임이 같은 곳은 A ~ H 중 어느 곳인가?

   ② 금성의 천구상에서 움직임과 화성의 천구상에서 움직임을 비교할 때, 공통점과 차이점은?

   ③ 화성이 A의 위치에서 황도의 아래에서 위로 올라갈 때와 황도 위에서 아래로 내려갈 때, 천구상에서의 움직임은 어떤 차이를 보이는가?

   ④ A~H에 화성이 위치할 때, 화성의 위상은 각각 어떻게 되는가? 금성의 위상과 비교할 때, 나타나지 않는 위상을 그려보시오.

제 6 강

태양계를 구성하는 천체들

◆ 수성(Mercury)은 어떻게 생겼어요?

수성의 영어명인 Mercury는 "신들의 사자(使者)"란 뜻으로, 이는 태양에 가장 가까이 있어서 붙여진 이름이다. 수성은 태양으로부터의 평균 거리가 5790만km로 태양에 가장 가까운 행성이다. 공전 주기는 87.97일, 자전 주기는 58.65일로서 자전하는데 걸리는 시간이 무척 길다. 수성은 달보다 약간 커서 적도 반지름이 2439km이다. 질량은 3.30×10^{23}kg이고 평균 밀도는 5.43g/cm^3이다.

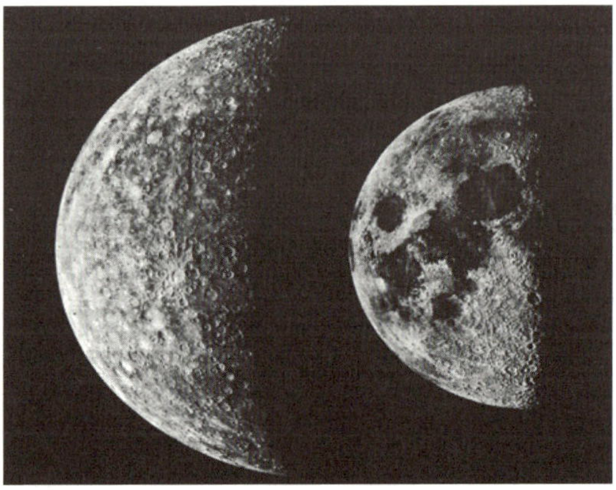

[그림 6-1] 수성(왼쪽)과 달(오른쪽)

수성의 표면은 달보다도 운석이나 화산 분화구와 같은 구덩이 수가 적고, 산악 지대도 별로 없으며, 벼랑이 많다. 이러한 차이를 제외하면 달의 뒷부분과 비슷한 특징을 갖고 있다. 몇몇 분화구는 지름이 200km 이상인 것도 있다. 수성의 표면은 주로 현무암 계통의 암석으로 되어 있을 것이라 생각하고 있다[그림 6－1].

수성은 태양과 가장 가까워서 태양이 비추는 곳은 표면 온도가 무척 높아 약 430℃ 정도되는데, 태양이 비추지 않는 곳은 －160℃까지 온도가 내려간다. 이는 수성에 대기가 없기 때문이다. 매리너 10호가 관측한 것에 의하면, 수성에서도 자기장이 관측되었는데 그 값은 매우 작아 3000 nT($1nT = 10^{-9}T$) 정도 이다. 수성에는 위성이 없다.

◆ 금성(Venus)은 밤하늘에서 달 다음으로 밝게 보인다면서요?

금성의 영어명인 Venus는 "미의 여신"으로 밤하늘에서 가장 밝게 보여서 붙여진 이름이다. 우리나라에서는 금성을 샛별(새벽에 보이는 금성) 또는 태백성(저녁에 보이는 금성)이라 불렀다.

금성은 태양으로부터의 평균 거리가 1억 820만km 떨어져 있고, 공전 주기는 224.70일이며, 자전 주기는 243일이나 된다. 금성은 특이하게도 공전 주기보다도 자전 주기가 더 길다. 금성의 크기는 적도 반지름이 6052km로 지구와 비슷하다. 금성의 질량은 4.87×10^{24}kg이고, 평균 밀도는 5.24g/cm^3이다.

금성은 상공 50km부근에 황산 구름이 있어 태양에서 받은 에너지 중 70% 이상을 반사시키는데도 불구하고[그림 6-3], 두꺼운 대기가 존재하여 온실효과에 의해 그 표면 온도가 무려 470℃정도나 된다. 대기의 성분은 주로 이산화탄소(96.5%)이고 그밖에도 질소(3.5%), 산소(0.003%) 등을 포함하고 있다. 구소련의 베너러 우주선과 미국의 마젤란 호의 관측에 의하면, 표면[그림 6-2]에 대규모의 습곡 산맥이 있음이 밝혀졌다(최고봉: 11000m). 또한 금성 표면의 베타레지오에 위치한 한 화산의 경우, 지름이 820km정도이고, 높이는 5km, 정상부에 있는 분화구의 면적은 60km×9km나 된다. 참고적으로 지구에 있는 하와이섬은 길이가 200km이고, 높이가 9km이다. 또한 화성의 올림포스 화산은 지름이 550km, 높이가 25km이다. 금성의 암석은 주로 현무암질 암석으로 되어 있고 판이 움직여서 생긴 구조도 드물게 발견되고 있다.

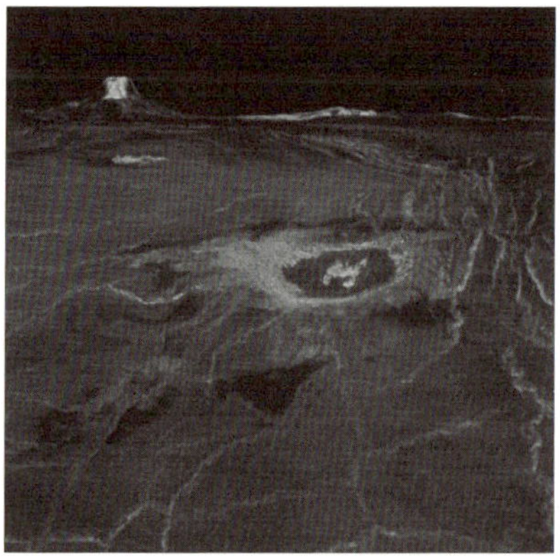

[그림 6-2] 금성표면

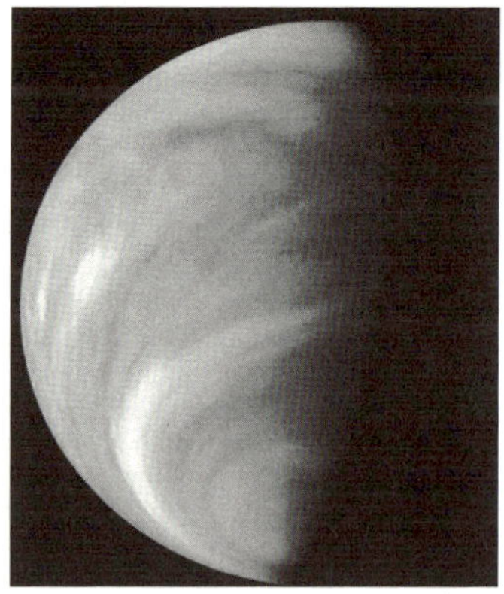

[그림 6-3] 우주에서 본 금성

금성의 또 다른 특징으로는 역자전(동에서 서로 자전)을 하고 있다는 것이다. 태양계의 생성 이론에 의하면, 태양계 생성 초기에 모든 행성은 같은 방향(서에서 동)으로 자전하고 있었을 것이라 생각된다. 그러나 무슨 이유에서인지는 모르지만 금성의 자전축이 179°나 기울어지게 되어 다른 행성들과는 반대로 자전하는 형태를 띠게 된 것이다. 이러한 역자전 현상은 천문학자들이 풀어야 할 숙제로 아직도 남아있다.

그리고 금성의 대기압은 약 90기압으로 너무 높아 사람이 여기에 간다면, 황산에서 나오는 유독가스와 뜨거운 온도 때문에 살기 어렵겠지만, 높은 압력 때문에 눌려 역시 견디지 못할 것이다. 그리고 금성은 수성과 마찬가지로 위성이 없다.

◆ 우리가 살고 있는 지구(Earth)에 대해 궁금하네요?

지구는 적도 반지름(6378km)이 극반지름(6357km)보다 약간 큰 타원체이다. 질량은 5.98×10^{24}kg이고, 평균 밀도는 5.52g/cm^{3}이다[그림 6-4].

지구의 특징을 살펴보면 다음과 같다. 지구 내부를 지진파로 조사해 본 결과 지각, 맨틀, 외핵, 내핵으로 분리되고, 이 중 외핵은 액체로 되어 있음이 밝혀졌다. 그리고 지각은 여러 개의 판으로 나뉘어져 서로 판구조 운동을 하고 있으며, 이러한 운동은 지각 변동의 원인이 되고 있다[그림 6-5]. 또한 질소(약 80%)와 산소

(약 20%)로 구성된 대기를 갖고 있으며, 이는 생명체의 존재에 절대적으로 필요한 것이 되었다.

지구의 평균 기온은 15℃ 정도이고, 대기압은 1기압이다. 또한 생명체에 절대적으로 필요한 물이 있다. 지각은 현무암질 암석(대륙 지각의 하부와 해양 지각)과 화강암질 암석(대륙 지각 상부)으로 이루어져 있고, 맨틀은 감람암질 암석으로 되어 있다. 또한 달이라는 위성이 존재한다. 이 달은 위성 중 큰 편에 속하고, 행성 대 위성의 크기비를 따져보면, 달은 비정상적으로 크다는 것을 알 수 있다.

[그림 6-4] 지구의 모습

[그림 6-5] 대서양 중앙 해령

◆ 화성(Mars)에 물이 흘러간 흔적이 발견되나요?

화성의 영어명인 Mars는 "전쟁의 신"으로 밤하늘에 붉은색으로 보여 이러한 이름이 붙었다. 과거 점성술가들에 의하면 화성이 전갈자리의 가장 밝은 별인 안타레스와 만날 때 전쟁이나 불길한 일이 일어날 것이라 예언했다고 한다. 이는 아마도 두 천체가 붉은 색을 띠기 때문에 두 천체가 만나 서로 피를 흘리며 싸울 것이라는 점에서 그렇게 예언했던 것 같다. 화성은 태양으로부터의 평균 거리가 2억 2800만km 떨어져 있고, 공전 주기는 686.96일, 자전 주기는 24시간 37분 23초이다. 적도 반지름은 지구의 약 반 정도인 3398km이고, 질량은 6.42×10^{23}kg이다. 또한 평균 밀도는 3.94g/cm^{3}이다.

화성의 특징은 모래 바람으로 인해 붉은색으로 보이며 행성의 표면을 보기가 무척 어렵다. 또한 양극에는 극관이 존재하는데 이는 주로 드라이아이스로 구성되어 있고, 극소량의 얼음이 있는 것으로 밝혀졌다. 극관은 여름에는 온도가 올라가 그 크기가 작아지고, 겨울에는 커지게 된다.

또한 화성에도 대기가 존재하는데 대부분이 이산화탄소로 되어 있다. 그러나 중력이 너무 작아 공기를 붙잡아 놓을 만한 힘이 없어 기압이 매우 낮다(평균 60hpa). 화화성은 대기가 너무 희박하여 온실효과가 나타나지 않아 표면 온도가 25℃(적도 여름)~−136℃(극 겨울)로 급변한다.

화성의 표면에는 협곡이나 수로와 같은 물이 흘렀던 흔적도 존재한다[그림 6−6]. 표면 암석은 주로 현무암질로 되어 있다. 그리고 화성에는 포보스와 데이모스 두 개의 위성이 존재한다[그림 6−7].

[그림 6−6] 화성 표면
(수로와 협곡을 볼 수 있다)

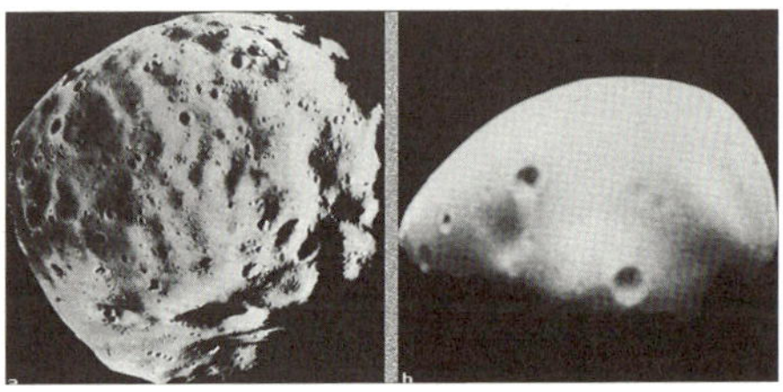

[그림 6−7] 화성의 두 위성
(오른쪽이 포보스이고, 왼쪽이 데이모스이다. 여기서 보면 알 수 있듯이 이들의 모양은 구형이 아니라 마치 고구마나 감자와 같은 모양으로, 아마 소행성이 포획되어 생긴 것이 아닌가 추측하고 있다)

화성은 자전축이 지구와 거의 비슷하게 기울어져 있고(약 25.2°), 자전 주기도 비슷하여 지구에서와 마찬가지로 계절 변화가 나타난다. 만약 지구에 사는 사람이 화성에 가서 산다면(물론 물과 공기가 충분하다고 할 때), 1년이 687일 정도로 지구보다 조금 길다는 것을 제외하면, 살아가는데는 별 어려움을 못 느낄 것이다.

◆ 목성(Jupiter)이 태양계 내의 행성 중 제일 크다면서요?

목성의 영어명은 Jupiter인데, 이는 제우스(Zeus)를 뜻한다. 목성은 태양계의 행성 중 가장 크기 때문에 "신 중의 신"인 제우스로 이름을 붙였다.

목성은 태양으로부터의 평균 거리가 7억 7830만km 떨어져 있고, 공전 주기는 11.86년, 자전 주기는 9시간 50분 30초이다. 적도 반지름은 태양계 내의 행성 중 최고로 71398km이고, 질량은 1.90×10^{27}kg, 평균 밀도는 $1.33 g/cm^3$이다.

목성의 특징을 살펴보자. 목성은 태양계의 행성 중 가장 크고, 표면에 거대한 줄무늬가 존재한다. 특히 지구 크기의 약 3배 정도되는 대적점이 존재하는데, 이를 관측하면 목성의 자전주기를 측정할 수 있다. 또한 줄무늬가 나타나는데 이는 가스층의 대기가 다른 속도로 이동하면서 띠모양을 이룬 것이라 추측하고 있다[그림 6-8]. 목성에는 두꺼운 대기가 존재하는데 그 대부분이 수소와 헬륨으로 이루어졌다. 표면 온도는 약 −150℃정도이다.

또한 목성에는 많은 수의 위성이 존재하는데 그 수는 63개 이상이다. 이 중 목성에 가까이 있는 이오, 에우로파, 가니메데, 칼리스토를 특별히 갈릴레오 위성이라 하는데, 이는 갈릴레오가 자신이 만든 망원경으로 처음 확인한 위성이다. 이 위성의 관측은 지구중심설을 부인하는데 결정적인 역할을 했다. 갈릴레오 위성 중 이오는 화산 활동이 관측되었다. 이는 목성과 이오 사이의 강한 조석력이 원인이 되어 나타나는 것이다[그림 6-9].

[그림 6-8] 목성
(표면의 줄무늬와 중앙 아래의 대적점을 볼 수 있다)

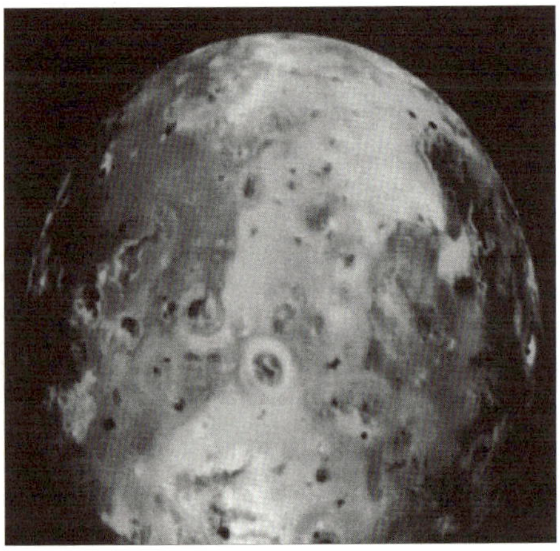

[그림 6-9] 이오
(밝은 부분은 화산 폭발에 의해 화산재가 쌓인 것이다)

그리고 목성에는 목성형 행성의 대표적인 특징 중의 하나인 고리가 존재하는데, 이것은 망원경으로는 관측되지 않고, 우주탐사선인 보이저호에 의해 그 존재가 알려졌다.

◆ 토성(Saturn)에는 유난히 아름다운 고리가 있는데 왜 생겼나요?

토성의 영어명은 Saturn인데, 이는 "경작의 신"을 뜻한다.

토성은 태양으로부터의 평균 거리가 14억 2940만km 떨어져 있고, 공전 주기는 29.46년, 자전 주기는 10시간 13분 59초이다. 적도 반지름은 목성 다음으로 큰 60000km이고, 질량은 5.69×10^{26}kg, 평균 밀도는 $0.70g/cm^3$이다. 밀도를 보면 물보다 작다는 것을 알 수 있다. 즉, 토성을 담을 만큼 큰 그릇이 있다면, 토성은 물위에 둥실둥실 떠다닐 것이다.

토성의 특징으로는 목성과 비슷하게 줄무늬가 존재한다는 것과 태양계 내의 행성 중 가장 아름답고 큰 고리가 있다는 것이다[그림 6-10]. 이 고리의 주성분은 얼음 부스러기나 암석의 파편들이다. 이는 주위의 천체가 토성의 인력권에 들어와 부서진 것으로 천문학자들은 보고 있다. 토성도 목성처럼 두꺼운 대기를 갖고 있으며, 주성분은 목성과 같다. 표면 온도는 대략 - 180℃이다. 토성 역시 60개 이상의 많은 위성을 갖고 있는데, 이들 위성 중 타이탄은 수성보다도 크고, 이 위성은 메탄을 주로 하는 대기가 존재한다는 것이 보이저호의 탐사로 밝혀졌다.

[그림 6-10] 토성

◆ 천왕성(Uranus)은 어떻게 생겼어요?

천왕성의 영어명인 Uranus는 "하늘의 신"이란 뜻이고, 푸른색의 천체이다.

천왕성은 태양으로부터의 평균 거리가 28억 7500만km 떨어져 있고, 공전 주기는 84.02년, 자전 주기는 17시간 14분이다. 적도 반지름은 25400km이고, 질량은 8.66×10^{25}kg, 평균 밀도는 1.30g/cm^{3}이다.

천왕성은 금성처럼 역자전하는데, 이는 자전축이 98°기울어져서 나타나는 현상이다. 천왕성도 대기가 존재하며, 구성 성분 역시 수소와 헬륨이 주성분이다. 표면 온도는 −210℃정도이고 위성도 27개 이상 존재한다. 위성 중 미란다는 지름 500km이고, 높이 20km나 되는 큰 절벽과 깊은 골짜기 존재하며 험한 산맥이 존재한다. 또한 1977년에는 천왕성에도 고리가 존재(11가닥)한다는 사실이 밝혀졌다.

◆ 해왕성(Neptune)에도 목성처럼 큰 반점이 있다면서요?

해왕성의 영어명인 Neptune은 "바다의 왕"인 포세이돈을 뜻한다.

해왕성은 태양으로부터의 평균 거리가 45억 440만km 떨어져 있고, 공전 주기는 164.77년, 자전 주기는 16시간 03분이다. 적도 반지름은 24764km이고, 질량은 1.02×10^{25}kg, 평균 밀도는 1.64g/cm^{3}이다.

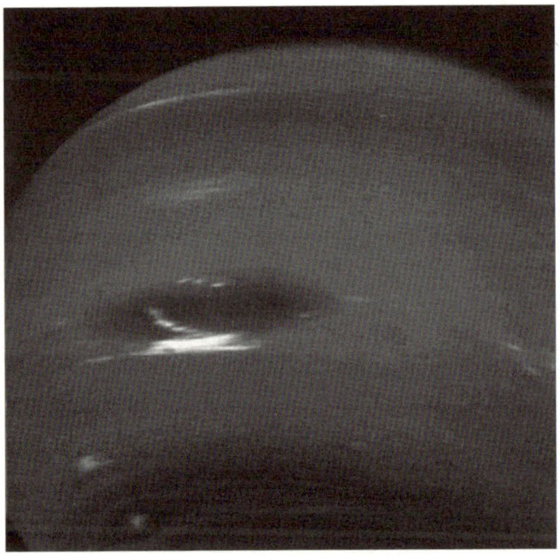

[그림 6-11] 해왕성의 모습(대흑점이 최근 관측에서는 나타나지 않음)

해왕성은 표면에 검은색의 어두운 얼룩 반점이 존재하며[그림 6-11], 대기가 존재한다. 대기의 주성분은 수소와 헬륨으로 역시 목성형 행성의 특징을 나타내고 있다. 해왕성에도 고리가 존재하며, 표면 온도는 −220℃이고, 위성은 13개 정도이다. 해왕성의 위성 중 트리톤은 해왕성으로 접근하고 있음이 밝혀졌고, 이러한 추세라면 1억년 내에 파괴되리라 예상하고 있다. 이 천체의 표면에서는 화산 분연의 모습도 관측되었고, 5.88일 주기로 해양성 주위를 역공전하고 있다. 트리톤에서의 화산 분출 역시 목성의 위성 이오와 마찬가지로 행성의 인력이 너무 커서 트리톤에 강한 기조력을 미치기 때문에 나타나는 것이다.

◆ 왜소행성 134340(명왕성)이 행성목록에서 사라진 이유가 무엇인가요?

먼저 왜소행성 134340(명왕성)의 발견과 그 특징을 살펴보고, 행성 목록에서 사라진 이유에 대해 알아보자.

왜소행성 134340은 태양으로부터의 평균 거리가 59억 1510만km 떨어져 있고, 공전 주기는 247.80년, 자전 주기는 6일 9시간 21분이며, 적도 반지름은 태양계 내의 행성 중 가장 작아 1150km이고, 질량은 1.47×10^{25}kg, 평균 밀도는 $2.03 g/cm^3$이다.

왜소행성 134340은 1930년대에 우연히 관측되었으나 워낙 멀리 있고 작아 그 특징을 알기에는 부족함이 많았지만, 2015년 뉴호라이즌호가 왜소행성 134340에 도착하여 많은 관측자료들을 지구로 보내오면서 새로운 사실들을 많이 알게 되었다. 표면 온도는 −230℃정도로 추정하고 있으며, 위성은 5개가 존재한다. 그 중 가장 큰 위성은 카론(charon)이며, 왜소행성 134340의 절반에 가까운 크기를 갖고 있고, 공전 주기는 6.39일이다. 표면은 주로 메탄의 얼음과 암석으로 구성되어 있을 거라 생각하고 있으며, 내부구조는 지구와 비슷한 형태를 갖는 왜소행성이라 생각하고 있다. 또한 왜소행성 134340은 그 공전 궤도면이 황도면에서 17°나 기울어져 있다. 그리고 공전 궤도 이심율이 매우 커서 해왕성의 안쪽 궤도로 들어올 경우도 있다. 그렇다고 해서 두 행성이 부딪히는 것은 아니다.

명왕성의 이심률이 매우 큰 공전 궤도 때문에 1998년 해왕성의 궤도 안쪽에 위치하여 행성의 이름을 명명할 때, 수-금-지-화-목-토-천-명-해라고 해야 하는 상황이 벌어졌다. 또한 위성인 카론의 영향으로 인해 공전궤도가 흔들리는 현상이 관측되어 명왕성을 행성으로 명명한다면, 카론도 행성이라고 해야 하는 상황이 연출된 것이다. 즉, 이 두 천체는 이중행성에 해당하는 것이었다. 이에 더해 명왕성은 행성이라 보기에는 그 크기가 달보다도 작아 행성이냐 아니냐는 논란이 지속적으로 제기되어 왔다.

그리하여 2006년 8월 24일 세계천문연맹(IAU)에서 명왕성의 행성 포함 여부를 논의하기에 이르렀다. 여기서 제기된 문제는 다음과 같다.

1. 명왕성을 지구형 행성이라고 하기에는 밀도가 너무 작고, 목성형 행성이라고 하기에는 크기가 너무 작아 어디에도 속하지 못한다.
2. 공전 궤도면이 다른 행성들은 3~7° 정도의 공전 궤도각을 가지고 있 지만, 명왕성은 17° 정도의 큰 공전 궤도각을 지녔다.
3. 카이퍼벨트(태양계 외곽의 소행성대)의 중력에 묶여있다.
4. 태양계 내에서 명왕성과 비슷한 특징을 갖는 천체가 다수 발견되었다.

이로부터 IAU는 행성을 다음과 같이 정의하고, 명왕성이 아래의 3번 항목을 충족시키지 못함을 들어 행성목록에서 제외시키고 왜소행성 목록(왜소행성 134340)에 포함하게 되었다.

행성이란?

1. 태양 주위를 공전해야 한다.
2. 충분한 질량을 가져 자체 중력으로 유체역학적 평형을 이루는 한편 타원형(제멋대로 일그러진 모양)이 아닌 구형을 유지하고 있어야 한다.
3. 주변 궤도의 다른 천체들을 깨끗이 흡수할 수 있는 천체(공전 구역 내에서 지배적인 역할을 하는 천체)이어야 한다.

◆ 혜성(Comet)의 꼬리는 성분이 무엇이에요?

혜성은 주로 얼음과 암석으로 구성되어 있고, 중심부를 '코마'라 한다[그림 6-12]. 혜성은 일반적으로 두 개의 꼬리를 가지는데, 하나는 이온꼬리, 또 다른 하나는 먼지꼬리라 한다. 이온 꼬리는 얼음이 태양열을 받아 증발하여 생기는 꼬리로서 태양의 반대편으로 길게 나타나고, 길이도 태양에 가까워질수록 커진다. 혜성을 관측할 때 발견되는 꼬리는 주로 이온꼬리이다. 그리고 먼지꼬리는 혜성의 궤도면을 따라 암석의 파편이 늘어서게 되는 것으로 먼지꼬리에서 떨어진 암석의 파편은 지구에서 관측되는 유성우의 원인이 된다[그림 6-13, 6-14].

혜성은 주기적으로 나타나는 혜성이 있는 반면, 한번 관측된 혜성을 다시는 볼 수 없는 혜성도 있다. 주기적으로 나타나는 혜성은 이심율이 매우 큰 타원궤도를 돌며, 한번 관측 후 영원히 사라지는 혜성은 쌍곡선 궤도나 포물선 궤도를 그리게 된다. 주기 혜성의 대표적인 것이 핼리혜성인데 이 혜성은 76년의 주기로 지구를 방문하고 있다.

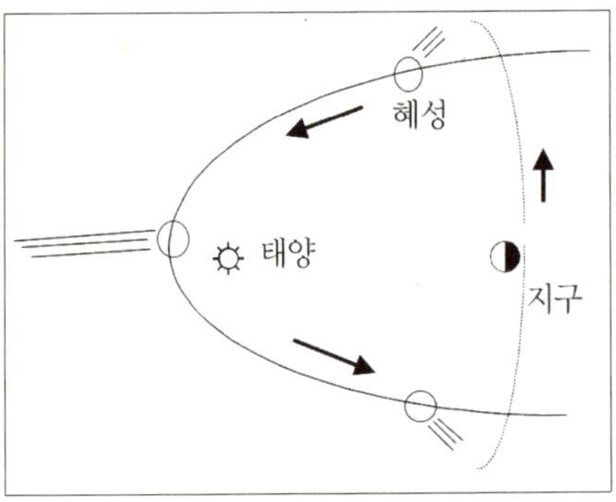

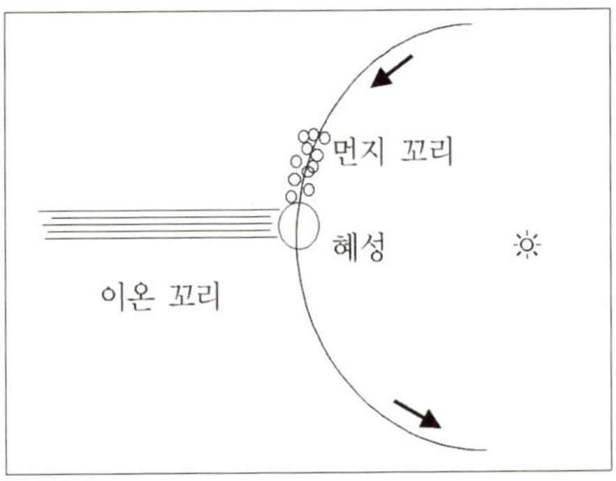

[그림 6-12] 혜성의 꼬리 변화(왼쪽)와 두 개의 꼬리(오른쪽)

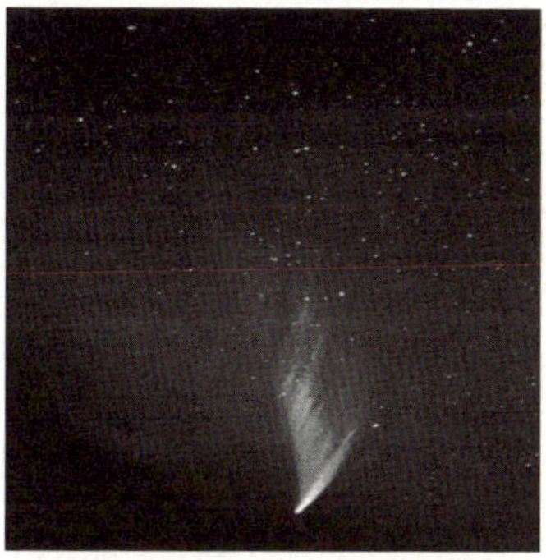

[그림 6-13] 웨스트 혜성
(이 혜성의 경우 꼬리의 길이가 80°
정도나 되었다고 한다)

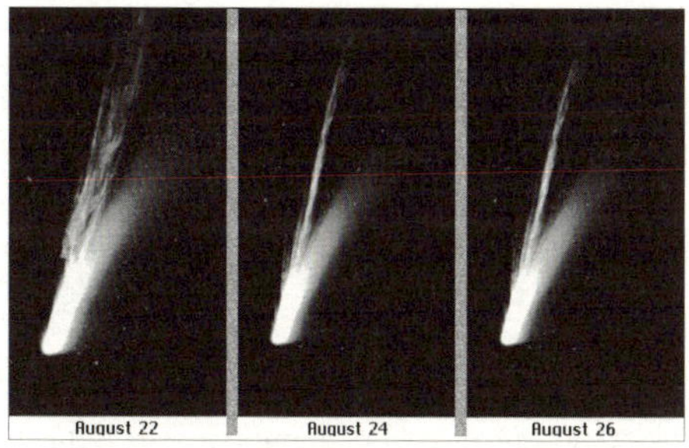

[그림 6-14] Mrkos 혜성의 꼬리 변화 양상
(두 개의 꼬리가 잘 나타나고 있다)

◆ 유성(Meteor)과 운석(Meteorite)의 차이점은 무엇이에요?

유성은 우주 공간상의 미세한 입자가 지구 대기를 통과하면서 그 마찰에 의해 타면서 보이는 것으로 몇 초만에 사라져 버린다. 유성은 혜성의 궤도와 밀접한 관계를 갖고 있다.

유성은 주로 새벽녘에 잘 보이는데 이는 지구의 공전으로 나타나는 현상이다. 지구의 경우 초속 30km의 속도로 태양 주위를 돌고 있다[그림 6−15]. 지구의 공전궤도상에 먼지나 암석 파편등이 존재한다면, 지구와 충돌하게 될 것이다. 그러나 이러한 암석 파편들도 자신 만의 속도를 갖는데, 그 속도 분포가 [그림 6−15]과 같다고 하자. 여기서 숫자는 암석 파편들의 속도를 나타내는데 이 속도는 42km/s를 넘을 수 없다. 42km/s를 넘는 암석 파편은 태양계를 탈출하여 망망대해인 우주 공간으로 탈출해 버리기 때문이다.

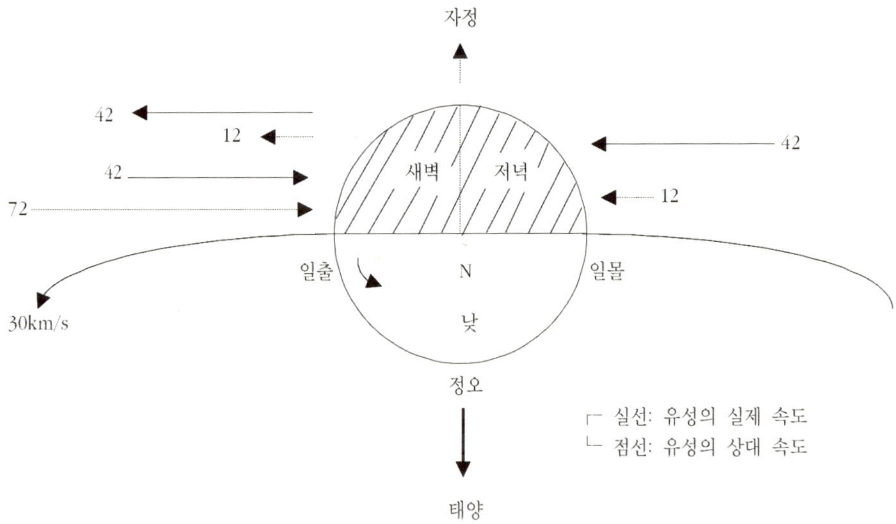

[그림 6-15] 유성이 새벽에 잘 보이는 이유

따라서 새벽녘에는 지구의 공전 방향과 같이 움직이는 암석 파편 중에서는 30km/s 이상인 것만 지구와 부딪히지 않게 된다. 그러나 지구의 공전 궤도와 반대 방향으로 움직이는 모든 암석 파편들은 지구와 부딪히게 된다[그림 6-15].

그럼 저녁 때를 살펴보자. 이 때는 지구의 공전 방향과 같은 방향으로 움직이는 암석 파편들 중에서 지구의 공전 속도보다 빠른 것만이 지구와 부딪힐 수 있게 된다. 그리고 지구의 공전 방향과 반대로 움직이는 모든 암석 파편은 지구와 부딪히지 않고 달아나 버리고 만다.

그럼 운석은 무엇인가? 운석은 우주 공간상을 떠도는 비교적 큰 천체가 지구의 인력권에 잡혀 지구로 낙하하다 일부는 타버리고, 일부는 지구 표면에 떨어져 남게 된 물질로서 이는 석질 운석, 철질 운석 및 석철질 운석으로 분류할 수 있다. 석질 운석의 주성분은 지구의 맨틀을 구성하고 있는 암석과 같은 감람암질로 되어 있다[그림 6-17].

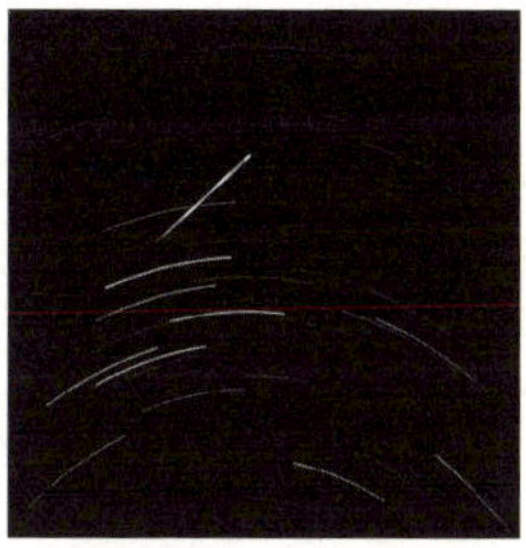

[그림 6-16] 유성

석질운석

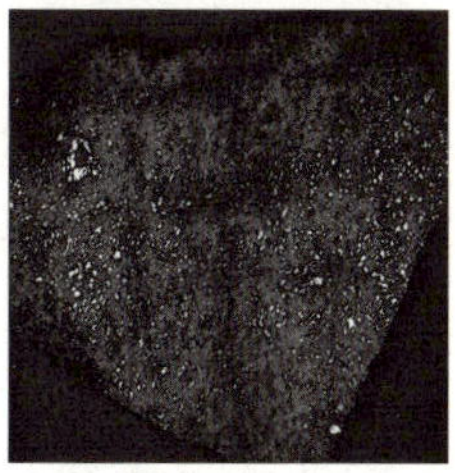

철질운석

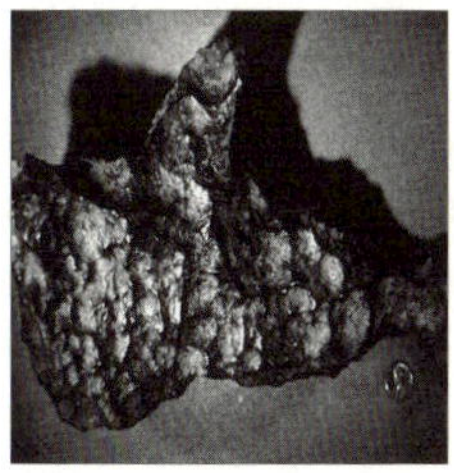

석철질운석

[그림 6-17] 운석의 종류

◆ 그럼 유성은 왜 빛나요? 그리고 유성우는 정말 비처럼 쏟아지나요?

유성은 우주 공간상의 물질들이 지구 대기로 들어오면서 지구 대기와의 마찰로 인해 빛과 열을 내면서 생기는 것이다. 우주 공간상의 물질 중 유성이 되는 것은 보통 수 cm이하의 콩알 만한 크기를 갖는 것들이다. 우주 공간상의 물질 중 축구공보다 큰 것들이 주로 앞에서 잠깐 언급했던 운석이 되는 것이다.

그럼 유성이 왜 빛을 내는지 살펴보자. 유성은 우주 공간상에서 지구로 진입할 때의 속도가 10~70km/s로 아주 빠르다. 이러한 엄청난 속도 때문에 지구 대기와의 마찰도 커지게 되어 그 마찰열로 인해 암석덩어리들이 타버리는 것이다. 이렇게 타면서 빛을 발하는 지점은 열권인 130km근처이고, 다 타서 사라져 버리는 지점은 열권과 중간권의 경계인 지상 80km근처이다.

이러한 유성은 보통 한 시간에 3~4개 정도 보면 많이 보는 것이다. 그러나 혜성이 지나간 지점을 통과할 때는 혜성이 남겨놓은 암석 부스러기들이 지구의 인력에 의해 지구 대기로 들어오게 되는데, 이 때는 유성을 한 시간에 수 백개~수 천개 이상을 볼 수 있다. 이것이 바로 유성우인 것이다. 1998년 11월 18일에 있었던 유성우는 템펠 - 터틀 혜성의 잔해가 지구로 들어온 것이다.

대표적인 유성우로는 물병자리 에타 유성우(극대기 5월 7일, 핼리혜성의 잔해 때문에 생김, 주기는 76년), 물병자리 델타 유성우(극대기 7월 28일, 원인은 잘 모름), 페르세우스자리 유성우(극대기 8월 12일, 스위프트 - 터틀 혜성의 잔해 때문에 생김, 주기는 105년), 용자리 감마 유성우(극대기 10월 9일, 쟈코비나 - 진너 혜성의 잔해 때문에 생김, 주기는 7년), 오리온자리 유성우(극대기 10월 20일, 핼리혜성의 잔해 때문에 생김, 주기는 76년), 쌍둥이자리 유성우(극대기 12월 14일, 소행성 파에돈의 잔해 때문에 생김, 주기는 1.4년) 등이 있다.

◆ 유성 관측시에 나타나는 복사점은 무엇이에요?

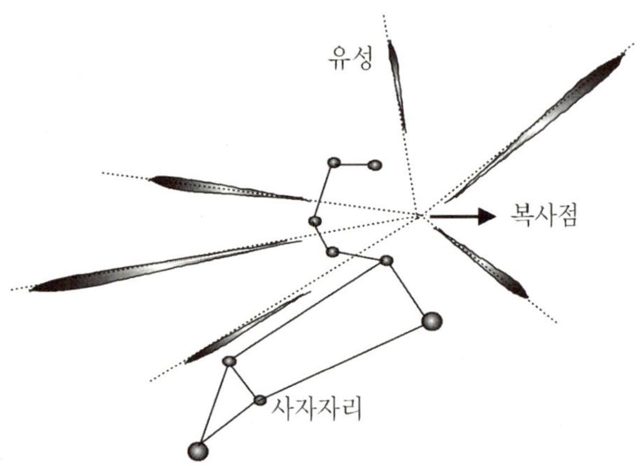

[그림 6-18] 복사점(점선은 유성이 지나간 궤적을 나타낸다)

유성우가 떨어지는 경로를 성도에다 그려보면, 오른쪽 그림과 같이 어느 특정한 점을 중심으로 해서 사방으로 퍼져 나가는 것처럼 나타나게 되는데, 그 중심점을 복사점이라 한다. 이는 우리 눈의 착시 현상에 의한 것으로, 사실 우주 공간상에서 유성은 모두 평행하게 지구로 진입한다. 한 예로 아주 멀리 자동차 10대가 있다고 하자. 관측자가 볼 때는 하나의 점으로 보일 것이다. 이들 자동차가 관측자를 향하여 질주해 온다면 하나의 점에서 출발해 관측자 양 옆으로 퍼져나가는 것처럼 보일 것이다. 이러한 현상이 결국은 복사점이라는 것을 만드는 것이다[그림 6-18].

◆ 소행성(Asteroid)대가 무엇이에요?

소행성대는 화성과 목성 사이(2.2~3.3 AU 사이)에 존재하는 수 십 만개의 암석 파편이 모여 있는 곳을 일컫는 것으로, 관측해 본 결과 특정 지역에는 존재하지 않음이 밝혀졌다. 일명 커크우드틈(Kirkwood gap)이라 부르며, 이는 목성의 공전 주기에 대한 소행성의 공전 주기의 비가 1 : 3, 2 : 5, 3 : 7 및 1 : 2가 되는 곳이다. 반대로 소행성이 많이 모여 있는 곳이 나타나는데 이는 화성과 목성 그리고 소행성이 정삼각형을 이루는 지역이다. 대표적인 것으로 Troy 소행성군, Apollo-Amor 소행성군 등이 있다.

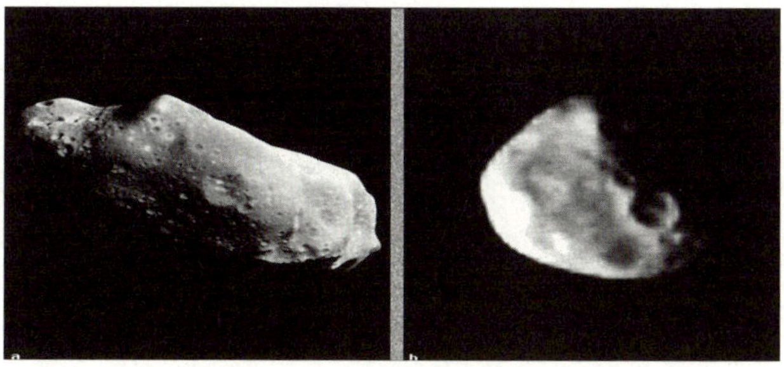

[그림 6-19] 소행성 이다와 그 위성
(소행성 중 몇 개는 위성을 갖는 것도 있다)

몇 가지 큰 소행성들을 살펴보면 세레스(946km), 팔라스(583km), 베스타(555km), 히기아(443km), 헥터(230km) 등이 있으며, 광도 곡선의 변화를 관측하여 300개 이상의 소행성들의 자전 주기를 알아내었다. 이들 소행성들은 주로 4~15시간 정도의 범위 내에서 자전하고 있다. 이들의 화학조성은 석질, 철질, 석철질 운석의 그것과 비슷하다. 이 소행성의 발견은 티티우스 - 보데 법칙이 결정적인 역할을 하였다. 또한, 몇 개의 소행성은 위성을 갖고 있다는 것도 밝혀졌다[그림 6-19].

◆ 카이퍼벨트와 오르트구름은 무엇이에요?

1951년에 미국의 천문학자인 카이퍼가 태양에서 아주 멀리 떨어진 거리에 수많은 소천체들이 분포한다고 주장하였고, 여기에서 '카이퍼 벨트'라는 명칭이 유래하게 되었다.

카이퍼 벨트(Kuiper Belt)는 태양계의 해왕성 궤도 바깥쪽의 황도면 부근에 있는 천체가 밀집한 또 하나의 소행성대이다. 바깥쪽 경계는 불분명하지만 오르트 구름까지 이어져 있다고 생각하고 있다. 좁은 의미로는 48~50 AU까지, 넓은 의미로는 수백 AU까지로 확장된다. 1992년 왜소행성 134340(명왕성) 밖의 궤도에서 새로운 천체가 최초로 발견된 이후 이와 비슷한 천체들이 200여 개나 발견되었으며, 이 천체들은 주로 얼음과 암석의 집합체로 거대한 띠 모양을 이루면서 태양의 주위를 돌고 있는 것이 관측되었다.

천문학자들은 이 영역에 발견된 것보다 훨씬 많은 수 십 만개가 넘는 천체들이 존재할 것으로 보고 있으며 크기가 100km 이상인 큰 천체들도 다수 있을 것으로 보고 있다. 이들 천체들은 태양계가 생성될 당시 행성으로 성장하지 못하고 남은 천체들로 추정되고 있다.

오르트 구름(Oort cloud)은 태양으로부터 50,000AU나 약 1광년 떨어진 곳에 구형태로 존재하며, 태양계 형성 초기의 물질들이 태양풍에 밀려나 분포하고 있는 영역으로 혜성의 근원지로 여겨지는 곳이다.

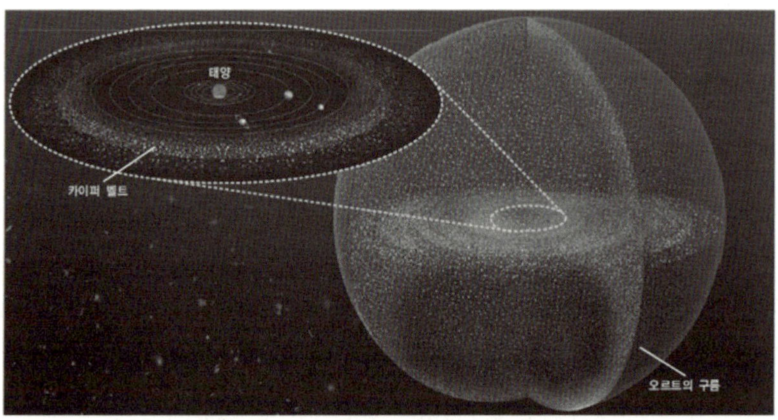

[그림 6-20] 카이퍼 벨트와 오르트 구름

◆ 티티우스-보데 법칙이라는 것이 있다는데 무엇인가요?

티티우스 · 보데 법칙은 알려진 행성의 거리를 일렬로 늘어놓고, 이를 이용하여 수열을 푼 것으로 거리(d)의 단위는 AU(천문단위; astronomical unit)이다.

$$d = 0.4 + (0.3 \times 2^n)$$

(수성: n=−∞, 금성: n=0, 지구: n=1, 화성: n=2, 소행성: n=3, 목성: n=4, 토성: n=5, 천왕성: n=6)

이 법칙을 이용하여 구한 거리와 실제 거리와의 관계는 〈표 5−1〉에 표시해 놓았다.

〈표 6-1〉 티티우스 -보데 법칙을 이용한 거리와 실제 거리와의 관계

거리 단위: [AU]

	수성	금성	지구	화성	소행성	목성	토성	천왕성	해왕성
n값	−∞	0	1	2	3	4	5	6	7
실제거리	0.39	0.72	1	1.52	2.65	5.2	9.54	19.2	30.1
보데거리	0.4	0.7	1	1.6	2.8	5.2	10	19.6	38.8

◆ 외계생명체는 존재하나요?

최근 천문학 분야에서 활발하게 진행되고 있는 연구 중 하나가 외계 행성계 관측 및 외계생명체 존재여부와 관련된 것이다.

16세기 이탈리아의 신학자인 조르다노 부르노가 최초로 외계행성계를 주창하였다가 화형당하기도 했었다. 오랜 시간이 흐른 뒤인 20세기부터 관측 장비의 성능이 향상되고, 많은 관측이 행해지면서 비로소 1992년 중대한 발견이 이루어졌다. 전파천문학자인 볼시찬과 프레일은 펄서(PSR B1257+12) 주위를 행성이 공전하고 있다고 밝힌 것인데, 이는 최초로 확인된 외계 행성들이었다.

이후 무수히 많은 외계행성계가 발견되었는데, 의미있는 발견은 2005년 6월 발견된 글리제 876d 행성이다. 그 이전에 발견된 행성계는 목성정도의 크기를 갖는

가스 행성의 발견이 주를 이루었지만, 이 행성은 질량이 지구보다 조금 크고, 주계열성을 돌고 있는 암석 행성으로 추정되고 있다.

2008년 3월 20일 외계행성 HD 189733b에서는 외계행성 최초로 대기에서 유기 분자(물, 메테인 등)가 발견되었다. 대기성분으로만 놓고 보면 생명체가 살기에는 너무 가혹한 구조이지만, 이 발견으로 외계 행성에도 유기 생명체가 존재할 수 있을 것이란 희망을 보여준 것이다. 사실 지구에서도 시아노박테리아처럼 극한 방식에서도 에너지를 만들어내어 살아가는 생명체가 있다는 것으로 볼 때, 이 행성의 발견은 단순한 희망은 아닌 듯 보인다.

그럼 외계 행성에 생명체가 존재하려면 어떤 조건이어야 할까? 생명체 거주가능영역은 '골디락스 지대', '생태권' 등으로도 불리며, 그 의미는 너무 차갑지도 않고 뜨겁지도 않은, 적당한 온도에 해당하는 영역이라는 의미로 쓰이고 있다. 어떤 항성계에서 이 영역은 중심별에서 적당한 거리에 떨어져 있어 물이 액체상태로 존재할 수 있는 영역을 의미하며, 태양계의 경우 현재 0.95~1.15 AU 사이의 영역이다.

여기서는 물의 존재 여부만을 우선으로 고려하였지만, 실제 항성계에서 생명체가 존재하려면, 중심별의 온도, 중심별과 행성계와의 거리, 행성의 대기 존재 및 구성 성분, 암석형 행성의 존재 여부, 자기장의 유무, 위성의 존재 여부, 행성의 크기 등 다양한 것들이 생명체 존재에 영향을 미칠 것이다. 일례로 중심별의 온도가 너무 높으면 생명가능영역의 넓이는 넓어지지만 별의 수명이 짧아 생명체가 진화하는데 필요한 시간 확보가 어렵고, 설령 행성에 생명체가 존재한다고 하여도 중심별의 강한 자외선 등으로 인해 행성의 대기가 매우 두꺼워야 하므로 생명체 존재에는 한계가 있을 수 밖에 없다. 또한 중심별의 강한 조석력에 의해 행성의 자전이 어려워 한쪽은 너무 뜨겁고, 반대쪽은 매우 차가울 가능성이 크다. 반대로 중심별의 온도가 너무 낮은 경우에는 생명가능영역의 폭이 너무 좁아 중심별 주위를 타원궤도 운동하는 행성이 그 영역을 조금만 벗어나도 생명체는 존재할 수가 없게 된다. 또한 쌍성과 같이 별이 여러 개인 경우 안정적인 에너지 공급이 어렵고, 별 사이의 상호작용으로 조석력이 급격하게 변화하는 등 행성계에 다양한 문제를 초래할 수 있어 생명체 탄생에 효과적이지 못하다. 따라서 현재 천문학자들이 외계생명체 연구에서 우선 대상으로 두는 중심별의 온도는 태양 정도

(약 6000K 내외)되는 별로 쌍성이 아닌 별들이다. 이 정도의 별은 적당히 긴 수명과 적당한 온도로 자외선 등 유해한 우주선의 방출이 많지 않기 때문이다. 우리 은하에는 태양 정도의 온도를 갖는 별들 만해도 약 20억 개 이상으로 추정되고 있다.

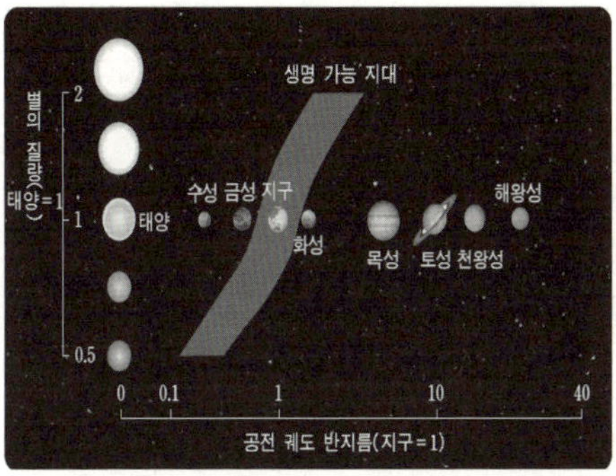

[그림 6-21] 생명가능지대

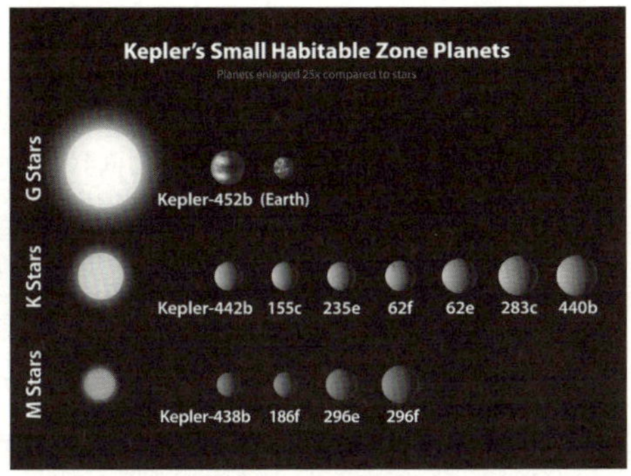

[그림 6-22] 생명가능지대 행성

현재 발견된 외계행성계 중 생명가능지대 내에 존재하는 최초의 외계행성은 2009년 4월 21일 발견된 글리제 581 주위를 돌고 있는 글리제 581c(지구에서 20광년)였는데 중심별에 너무 가까워 많은 문제가 존재하고 있다. 비교적 안정된 온도를 갖는 이 구역 내의 행성으로는 2011년 12월 5일 발견한 케플러-22b(지구에서 600광년)가 있다. 이 행성은 지구처럼 표면에 물이 존재하고 생명이 살기 좋은 섭씨 22도 정도의 기온을 가지고 있는 것으로 분석되었다. [그림 6－22]는 최근에 추가로 발견된 이 영역 내의 행성들을 보여주는 그림이다. 그림에서 G형별은 태양정도의 온도를 갖는 별이며, K, M형 별은 태양보다 온도가 낮은 4500K, 3500K정도 되는 별들이다.

이상에서 살펴보았듯이 외계 행성계의 존재와 생명가능영역 내의 행성들의 존재를 놓고 보면, 외계 생명체, 더 나아가 지적 생명체의 존재는 그 가능성이 점점 커지고 있는 것이 사실이다.

그러나 우리가 외계생명체가 살고 있는 외계 행성을 찾았다고 해서, 또한 갈 수 있다고 해서 그 곳에 가서 바로 살 수 있는 것은 아닐 것이다. 우리는 지구와 같은 대기 조성, 해양 환경, 식생 및 중력, 자력 등의 조건하에서 진화하고 번성하고 있기 때문에 그 곳 환경에 적응하려면 많은 시간이 필요할 것이다. 이와 비슷하게 영화 'ET'나 '에일리언'에서와 같은 외계 생명체가 지구에 온다고 하더라도 마찬가지일 것이다. 즉, 이들 외계 생명체에게는 지구의 환경이 치명적일 수도 있다는 이야기이다.

재미있는 탐구활동(행성의 관측)

여기에서는 각 행성별로 나누어 관측할 수 있게 나누어 보았다. 우리가 사용하는 일반적인 망원기를 이용하여 행성마다 나타나는 특징들을 살펴보기 위한 것이다. 행성을 관측하기 위해서는 망원기, 카메라, 관측용지, 역서 등을 준비하자.

♧ 금성의 관측

1. 어떻게 관측하면 되나요?

① 만약 사진기가 준비되어 있지 않다면, 스케치 용지를 준비하여 스케치 해보자.

② 금성은 ASA 400인 필름을 쓸 경우 위상에 따라 1/125 또는 1/ 60 정도 노출을 주어 사진을 찍어 보자. 이는 일반적인 것으로 날씨의 변화에 따라 약간 변할 수 있다.

③ 역서는 보기 어렵던데 어떻게 보는 것일까?

역서에는 여러 천체의 움직임, 밀물과 썰물이 나타나는 시간, 그 해에 나타나는 여러 가지 천문 현상 및 여러 도시에서의 일출·일몰, 월출·월몰 등을 기록해 놓았다. 여기서는 행성의 움직임을 역서를 통해 알아보도록 하자.

아래의 표는 역서에 나타난 금성의 1998년도 상대적인 위치 변화를 나타낸 것이다. 아래의 표에서 거리는 지구에서 금성까지의 거리를 나타내는 것이고, 광도는 얼마나 밝게 보이는지를 등급으로 나타낸 것이다. 따라서 등급이 작을수록 밝기는 밝아지는 것이다. 시직경은 우리가 금성을 보았을 때 하늘에서 얼마나 크게 보이는지를 나타내는 것으로 단위는 초(")이다.

일자	지구역학시					서울		소백산천문대		보현산천문대	
	적경	적위	거리	광도	시직경	출	몰	출	몰	출	몰
월 일	시 분 초	도 분 초	AU	m	"	시 분	시 분	시 분	시 분	시 분	시 분
1 1	20 21 13.2	−17 28 31.1	0.299	−4.5	55.89	9 04	19 17	8 57	19 12	8 53	19 11
11	20 03 07.0	−15 49 05.2	0.271	−4.2	61.66	8 00	18 24	7 54	18 19	7 50	18 18
21	19 37 18.9	−14 56 24.8	0.270	−4.2	61.70	6 53	17 21	6 46	17 17	6 42	17 16
31	19 19 11.5	−14 51 14.5	0.298	−4.5	55.96	5 56	16 25	5 49	16 20	5 45	16 20
2 10	19 17 14.5	−15 17 02.5	0.347	−4.6	48.07	5 16	15 44	5 09	15 39	5 06	15 38
20	19 30 45.2	−15 46 47.3	0.410	−4.6	40.74	4 52	15 17	4 45	15 12	4 42	15 11
3 2	19 55 38.6	−15 55 59.2	0.480	−4.6	34.77	4 38	15 03	4 31	14 58	4 28	14 57

앞의 표에서 1월 1일부터 2월 10일까지는 날이 갈수록 적경이 감소하는 것을 볼 수 있다. 우리가 남쪽하늘을 볼 때 동쪽에서 서쪽으로 가면서 적경은 감소한다. 따라서 이 때는 금성이 동에서 서로 이동해 가는 것을 의미한다. 이러한 천체의 움직임을 천문학자들은 역행이라고 한다. 그러면 2월 10일부터 3월 2일까지의 금성의 움직임을 보자. 이 때는 적경이 증가함을 알 수 있다. 이 때는 금성이 서에서 동으로 움직이는 것처럼 관측되고 이러한 움직임을 천문학자들은 순행이라 한다(제 5강 참조).

2. 금성을 관찰한 결과를 써보자.

① 역서를 통해 볼 때, 관측하는 날 금성은 어느 하늘에서 볼 수 있을까?

② 관측한 날 금성의 모양을 그려보자.

③ 금성의 표면은 달의 표면과 달리 그 표면의 모습을 드러내지 않는다. 그 이유는 무엇이라 생각하는가?

④ 금성은 역자전을 한다고 한다. 어떻게 하면 알아낼 수 있을까?

화성의 관측

1. 어떻게 관측하면 되나요?

① 만약 사진기가 준비되어 있지 않다면, 스케치 용지를 준비하여 스케치 해보자.

② 화성은 ASA 400인 필름을 쓸 경우 1초 정도 노출을 주어 사진을 찍어 보자. 이는 일반적인 것으로 날씨의 변화에 따라 약간 변할 수 있다.

2. 결과는 어떻게 나타나는가?

① 관측한 화성의 모양을 스케치해 보자.

② 오랜 시간동안 관찰해 보면 화성은 금성처럼 다양한 위상이 관찰되지 않는다. 그 이유는 무엇일까?

③ 화성이 충의 위치에 왔을 때를 전·후로 해서 한달 동안 천구상에서의 움직임을 성도에 표시해 보자. 운동양상이 어떻게 나타나는가? 그 이유는 무엇이라 생각하는가?

④ 화성이 붉게 보이는 이유는 무엇인가?

⑤ 화성 표면의 수로나 협곡은 관측되지 않는다. 그 이유는 무엇인가?

♧ 목성의 관측

1. 어떻게 관측하면 되나요?
   ① 만약 사진기가 준비되어 있지 않다면, 스케치 용지를 준비하여 스케치 해보자.
   ② 목성은 ASA 400인 필름을 쓸 경우 1/2초~1/4초 정도 노출을 주어 사진을 찍으면 목성의 줄무늬를 찍을 수 있다. 그리고 1초~2초 정도 노출을 주면 목성의 대표적인 위성인 갈릴레오 위성을 찍을 수 있다.

2. 결과는 어떻게 나타나는가?
   ① 관측한 목성의 모양을 스케치해 보자.

   ② 목성에 있는 줄무늬는 왜 나타나는가?

   ③ 목성에는 대적점이 있다. 관측한 날 대적점이 보이는가? 만약 보이지 않는다면 그 이유는 무엇 때문이라 생각하는가?

   ④ 목성에는 밝게 빛나는 갈릴레오 위성이 관측된다. 이 위성을 수 일~수 십일 동안 관측했다면, 목성에 대한 어떤 물리량을 알아낼 수 있을까?(실제로 해보자)

   ⑤ 목성 표면은 금성이나 지구의 표면과 같은 모양이 아니다. 지구와 목성의 가장 큰 차이점은 무엇이라 생각하는가?

♧ 토성의 관측

1. 어떻게 관측하면 되나요?

① 만약 사진기가 준비되어 있지 않다면, 스케치 용지를 준비하여 스케치 해보자.

② 토성은 ASA 400인 필름을 쓸 경우 1초 정도 노출을 주어 사진을 찍어 보자.

2. 결과는 어떻게 나타나는가?

① 관측한 토성의 모양을 스케치해 보자.

② 토성의 외형적인 특징을 간단히 기술해 보자.

③ 토성에는 아름다운 고리가 발견된다. 이 고리의 주성분은 무엇이라 생각하는가?

④ 목성이나 토성을 하루 밤 관측하는 동안 한 시간 간격으로 사진을 찍어보자. 이들 행성에 나타나는 특징적인 모습(예를들어 목성의 대적점)의 이동 양상을 볼 수 있는가? 만약 볼 수 있다면, 이를 이용하여 자전 주기를 예측해 보자.

♧ 유성의 관측

1. 어떻게 관측하면 되나요?
   ① 사진기를 준비하자.
   ② 유성을 관측하려면 편안한 마음 가짐으로 여유있게 관찰하자.
   ③ 평상시에는 아주 맑고 깜깜한 경우 유성을 한 시간에 3~4개 정도 관찰할 수 있다. 그러나 유성우가 떨어지면 한 시간에 수 백~수 천개를 볼 수 있을 것이다.

2. 결과는 어떻게 나타나는가?
   ① 유성을 관측하여 성도에 표시해 보자. 어느 별자리에서 관측되는가?

   ② 유성은 오랜 시간 관측되지 않는다. 관측한 유성은 몇 초 정도 보였는지 기록해 보자. 또한 왜 유성은 오랜 시간 동안 관측되지 않는지 생각해 보자.

   ③ 유성은 새벽과 저녁 중 언제 잘 보이는가? 또한 그 이유는 무엇인가?

   ④ 유성은 특정한 시기에 많이 나타난다. 이를 유성우라 하는데, 이러한 유성우는 왜 생기는 것일까?

   ⑤ 운석은 무엇이며, 어떤 종류가 있는가?

재미있는 탐구활동(스티로폼을 이용하여 태양계 만들기)

1. 스티로폼 구, 철사, 우드락

2. 실험을 해 봅시다.

① 지구중심설(천동설)과 태양중심설(지동설)을 실험할 때 만들었던 모형을 이용한다.

② 목성형 행성은 우드락을 이용하여 고리를 만들어 보자.

③ 화성과 목성 사이에 소행성대를 만들어 보자.

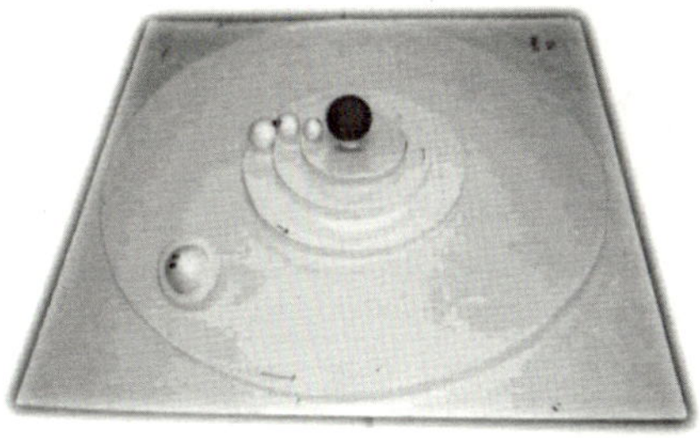

④ 대부분의 천체가 황도면 상에 위치함을 고려하고, 수성과 명왕성은 황도면상에서 많이 떨어져 있음을 유의하자.

	수성	금성	지구	화성	소행성	목성	토성	천왕성	해왕성	명왕성
태양으로부터의 거리(AU)	0.39	0.72	1.00	1.52	2.8	5.20	9.54	19.18	30.06	39.44
반지름(지구=1)	0.38	0.95	1.00	0.53	–	11.19	9.41	4.01	3.98	0.18
황도 경사각(°)	7.00	3.39	0.00	1.85	–	1.31	2.49	0.77	1.77	17.15

3. 결과는 어떻게 나오는가?

① 명왕성까지의 거리가 40cm라고 가정할 때, 지구형 행성은 태양으로부터 얼마나 떨어져 있는가?

② ①번처럼 태양계 모형을 만들려고 한다. 지구의 크기를 1cm로 한다면 어떠한 문제가 나타나는가?

③ 이 실험을 할 때, 유의 사항은?

제 7 강

달

◆ 달은 어떻게 만들어졌을까?

달의 생성에 관한 학설은 분리설, 포획설, 형제설, 충돌설의 네 가지가 있다. 분리설은 지구의 일부가 떨어져 나가서 달이 생겼다는 이론이고, 포획설은 달이 먼 곳에서 다가와서 지구에 붙잡혔다는 이론이다. 형제설은 달이 지구와 함께 각각 독립적으로 가스와 먼지가 뭉쳐져서 쌍둥이 천체로 탄생했다는 이론이고, 충돌설은 대략 화성 크기만한 천체가 지구와 충돌하면서 지구의 일부가 찢겨나가면서 달이 생겼다는 이론이다.

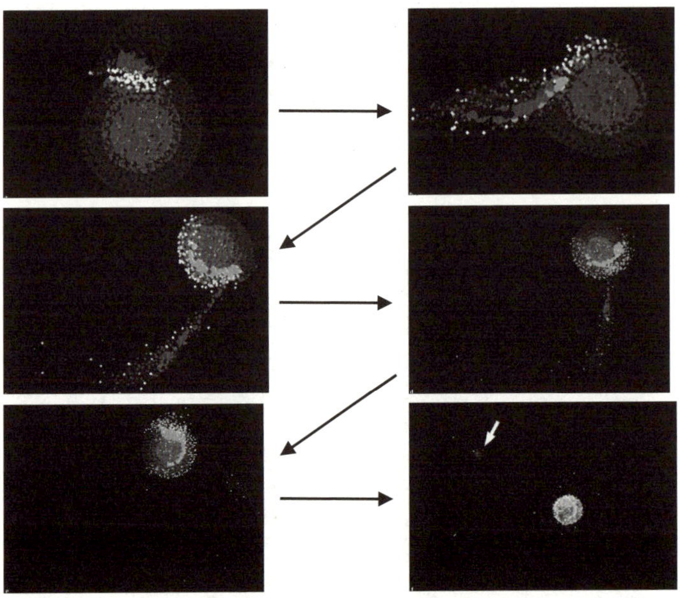

[그림 7-1] 달의 생성에 관한 이론(충돌설)

이 네 가지 이론중에서 충돌설이 다른 이론들에 비해 가장 타당성있게 검토되고 있는데, 그 이유는 달은 극도로 건조해서 물과 휘발성 물질이 거의 없고, 태양계 내의 지구형 행성들에 비해 밀도가 매우 작기 때문이다.

◆ 달은 어떤 운동을 할까?

달은 지구 주위를 공전하면서 자전하는데, 이때 공전 주기와 자전주기는 27.32일로 같다.

달은 지구가 태양 주위를 한 바퀴 공전하는 동안 타원궤도를 그리면서 지구 둘레를 약 12바퀴 공전하는데, 이 때 달의 공전 궤도를 백도라 하고, 백도면과 황도면은 약 5° 정도 경사져 있다[그림 7−2].

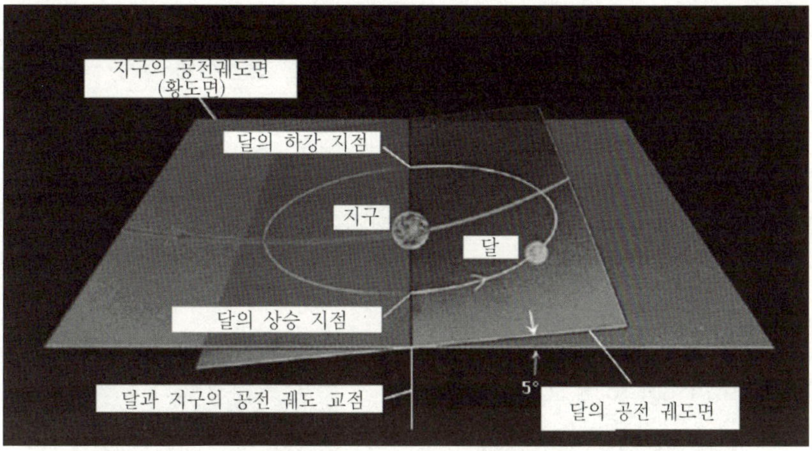

[그림 7-2] 달의 공전면

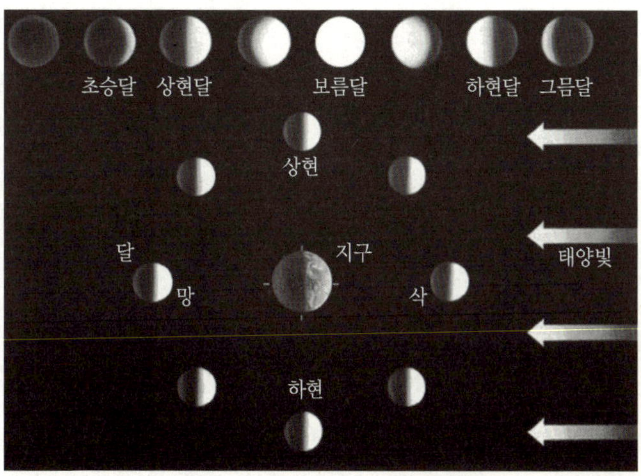

[그림 7-3] 달의 위상 변화

지구에서 달을 볼 때는 여러 가지 모양으로 보이는데, 이를 달의 위상 변화라고 한다. 달의 위상변화는 달이 지구의 주위를 공전하기 때문에 나타난다[그림 7-3].

달의 위상 변화에는 삭, 상현, 망, 하현이 있는데, 먼저 삭은 음력 1일 경으로 달이 지구의 주위를 공전하는 동안 태양과 지구 사이에 있어 보이지 않는 것을 말한다. 상현은 음력 7~8일 경으로 오른쪽 반달모양으로 보인다. 망(보름)은 음력 15일 경에 나타나는 둥근 형태의 달을 말한다. 마지막으로 하현은 음력 22~23일 경으로 왼쪽 반달로 보이는 달을 말한다. 상현달은 낮 12시에 떠서 밤 12시에 지게 되고, 보름달은 저녁 6시 경에 떠서 새벽 6시에 지게 되므로 밤새도록 관측가능하다. 하현달은 밤 12시에 떠서 낮 12시에 지게 된다.

달의 공전 주기는 한 달을 기준으로 항성월과 삭망월로 나뉘는데, 항성월은 달이 천구 위를 한 바퀴 돌아 제자리에 다시 돌아오는 데 걸리는 시간을 말하고, 1항성월은 약 27.32일이다. 삭망월은 달이 망에서 기울어진 다음, 다시 망이 될 때까지의 시간을 말하고, 1삭망월은 약 29.53일이다. 이와 같이 1항성월과 1삭망월의 길이가 다른 이유는 달이 지구 주위를 공전하는 동안 지구는 태양 주위를 공전하기 때문이다[그림 7-4].

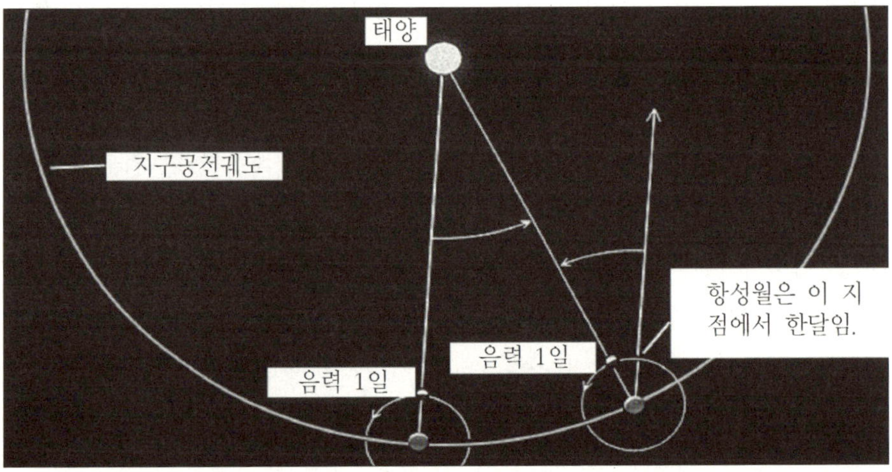

[그림 7-4] 항성월과 삭망월의 관계

(삭망월은 음력 1일에서 다음 달 음력 1일까지이다)

◆ 달은 어떤 성질을 가지고 있을까?

달에는 밝은 부분과 어두운 부분이 있는데, 밝은 부분은 높은 지대로 육지라 하며 수많은 구덩이가 있고, 반면에 어두운 부분은 낮고 평평한 지대로 바다라 한다. 달의 바다에는 물이 존재하지 않고 둥근 구덩이가 드물게 있으며, 주로 현무암으로 구성되어 있다. 육지라 하는 밝은 곳에는 크레이터가 있는데, 이것은 운석 충돌에 의해 생성된 것으로 크기는 몇 km~200km까지 다양하다.

달의 지름은 지구의 약 1/4배이고, 질량은 지구의 약 1/81배이며, 달 표면의 인력은 지구 인력의 약 1/6배이다. 그리고 달에는 물과 공기가 없기 때문에 생물이 살지 못하며 기상 현상도 없다.

달은 낮과 밤이 15일씩 계속되기 때문에 온도차가 크게 나타나서 달 표면의 온도가 낮에는 약 130℃이고, 밤에는 약 −170℃까지 내려간다.

◆ 달은 왜 같은 면만 보일까?

[그림 7−5]의 그림을 보자. 달이 A의 위치에서 출발하여 지구를 한바퀴 돈다고 가정하자. 이때 지구를 향한 달의 표면에 깃발이 꽂혀 있는데 이 깃발은 달이 B의 위치에 왔을 때도 지구를 향하게 된다.

그럼 이러한 현상은 왜 일어나는 것일까? 두 사람이 손을 잡고 원운동을 하고 있다고 하자. 두 사람은 서로 얼굴을 마주보고 빙글빙글 돌 것이다. 이와 비슷한 원리로 지구와 달이 강한 인력으로 서로 묶여 있어서 달의 항상 같은 면만이 지구를 향하게 되는 것이다.

이러한 현상으로 인해 달의 공전주기(27일 7시간 40분)와 자전주기(27일 7시간 40분)는 같게 된다. 즉, 달은 지구둘레를 한바퀴 도는 동안 자전도 한번 하게 한다.

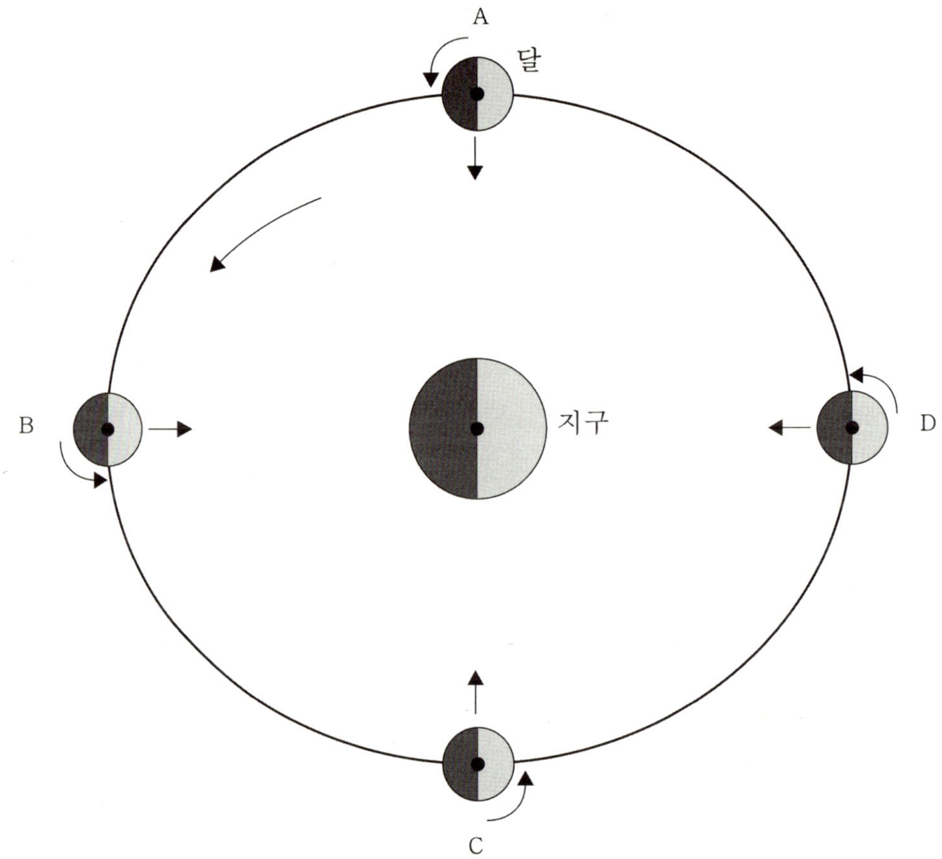

[그림 7-5] 달이 같은 면만 보이는 이유

◆ 달이 매일 50분씩 늦게 뜨는 이유는?

달은 지구의 자전 방향과 같은 방향(서→동)으로 지구 둘레를 약 27.32일을 주기로 공전한다. 따라서, 달은 하루에 약 360°/27.32=13°를 공전하게 된다. 그런데 지구도 매일 약 1°씩 서에서 동으로 태양주위를 공전하기 때문에 결과적으로 12°의 차이만큼 달이 더 동쪽으로 공전한다. 따라서 달은 24시간×12°/360°=48분, 즉, 하루에 48분씩(대략 50분 정도) 늦게 뜬다.

◆ 월식(일식)은 왜 생기는 것일까[그림 7-6]?

월식은 지구가 태양과 달 사이에 오게 되었을 때, 지구가 달에 도달하는 태양빛을 가려 달의 전체 또는 일부가 보이지 않는 현상을 말한다. 이때 달에 도달하는 태양빛을 지구가 완전히 가리게 되면 달 전체가 보이지 않게 되는데 이러한 현상을 개기 월식이라 하고, 달의 일부분만 가리는 현상을 부분 월식이라 한다.

일식은 달이 태양과 지구 사이에 들어와서 태양을 가리는 현상을 말한다. 달이 태양을 가려서 지구에서 태양이 완전히 보이지 않는 현상을 개기 일식이라 하고, 태양의 일부분만 달이 가리는 것을 부분 일식이라 한다. 그리고 태양이 달보다 커서 달이 태양을 다 가리지 못해 태양이 금가락지 모양으로 보이는 현상을 금환일식(금환식)이라 한다[그림 7-7].

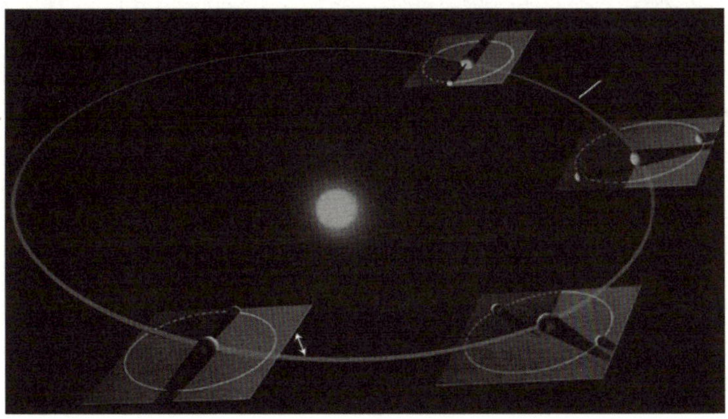

[그림 7-6] 일식과 월식이 일어나는 과정

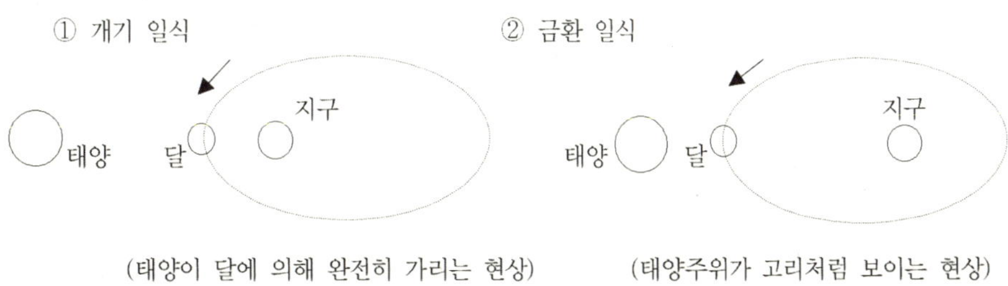

[그림 7-7] 개기일식과 금환일식

◆ 일식과 월식은 왜 매달 일어나지 않을까?

태양과 지구 및 달은 같은 공전 궤도상에 있지 않고 달이 지구 공전 궤도면에 대해서 약 5°정도 기울어져 지구 주위를 공전하고 있다. 따라서 삭이라 하더라도 달이 항상 태양을 가리는 것이 아니고, 망이라 하더라도 지구의 그림자 속에 항상 들어오는 것은 아니다.

즉, 일식이나 월식은 이들 세 천체가 일직선 상에 있을 때에만 일식과 월식 현상이 일어난다. 이러한 이유 때문에 일년에 약 2번씩 일식과 월식현상이 일어나게 된다([그림 7-6]과 [그림 7-8]).

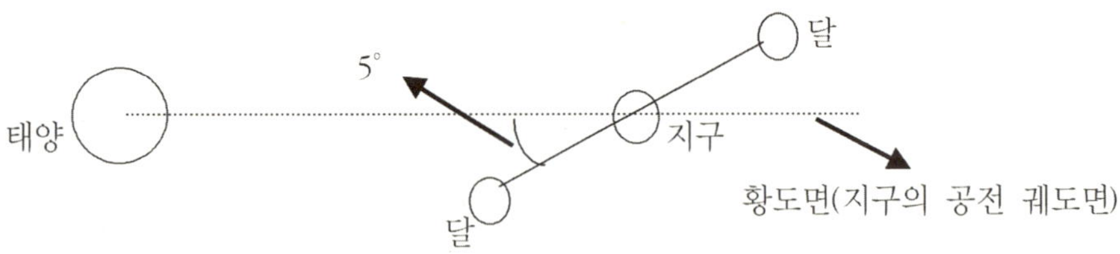

[그림 7-8] 황도면과 기울어져 있는 달의 공전 궤도면

재미있는 탐구활동(달 관측)

1. 망원기, 사진기, 렌턴, 관측 일지 등을 준비하자.

2. 달 관측은 어떻게 하면 될까?
   ① 사진기가 없는 경우 관측한 날 달의 표면을 스케치해보자.
   ② 현재 달의 위상을 관찰해 본다.
   ③ 관측한 날 달은 몇 시에 떠서 몇 시에 지는지 계산해 보자.
   ④ 망원경에 사진기를 부착시켜 달 표면을 사진으로 찍어 보자.
   달 사진을 찍을 때는 노출 시간에 유의해야 한다. ASA 400인 필름을 쓸 경우, 위상이 보름달이면 노출 시간은 1/500초 정도 주어야 하며, 상현달이나 하현달이면 1/125초~1/250초 정도 노출을 주어야 되고, 그믐달이나 초승달인 경우에는 1/30~1/60초 정도 노출을 주어야 한다.

3. 관측 결과는 어떠한가?
   ① 달의 표면을 스케치 해보자.

   ② 관측한 달은 어떤 모양일까?

   ③ 달은 위상 변화가 왜 일어나는 것일까?

재미있는 탐구활동(달의 운동)

1. 스티로폼 구, 우드락, 칼, 테이프, 압정, 침핀

2. 실험을 해 봅시다.
   ① 우드락을 이용하여 그림처럼 판을 만든다.
   ② 그림처럼 스티로폼 구를 이용하여 태양, 지구, 달을 표시한다.
   ③ 달의 위치에 따라 보이는 모양을 우드락에 그려보자.

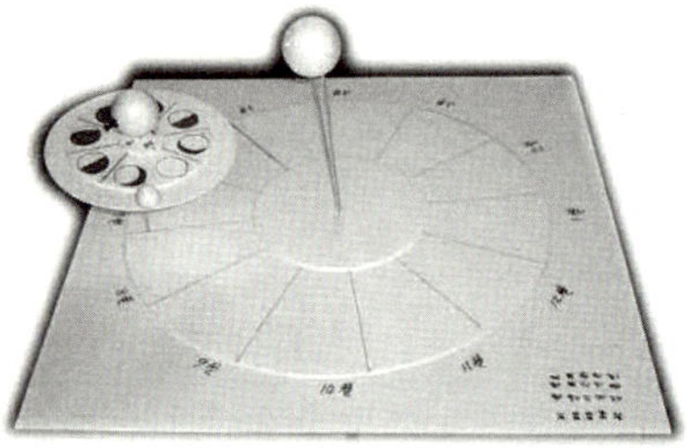

주의) • 지구가 태양을 중심으로 한바퀴 공전할 때, 달은 지구 주위를 약 12바퀴 공전한다.
• 달의 위상은 1년에 약 12번 같은 모양이 나타난다.

3. 결과는 어떻게 나오는가?
   ① 달의 위치에 따라 보이는 모양을 그려보자.
   - 초승달
   - 상현달
   - 보름달
   - 하현달

   ② 달의 위상 변화 원인은 무엇인가?

   ③ 우리가 달을 관측할 때, 한 쪽 면만을 볼 수 있는데 그 이유는?

   ④ 위 실험을 통해 탐구할 수 있는 달의 운동을 설명해 보자.

재미있는 탐구활동(역할 놀이를 통한 달의 운동 -1)

1. 3인 1조

2. 실험을 해 봅시다.

   ① 학습 자료: 광부용 전등, 태양 팻말, 지구 팻말, 달 팻말, 색 분필

   ② 활동

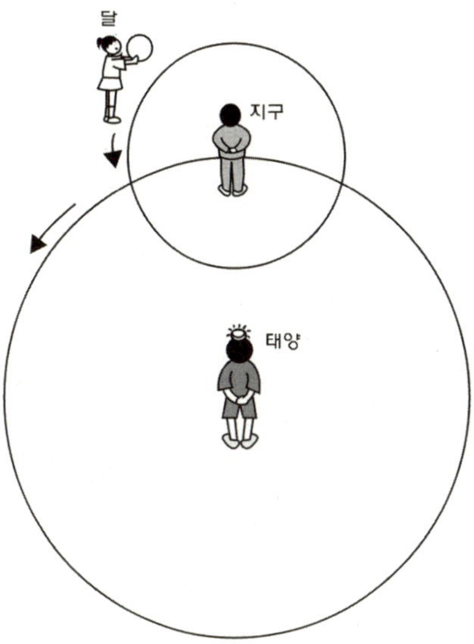

첫째, 지구 역할을 할 학생과 달의 역할을 할 학생, 태양 역할을 할 학생을 정한다.

둘째, 태양 역할을 할 학생은 전등에 불을 켠 후 제자리에 서 있는다.

셋째, 태양 주위에 큰 원을 그리고, 이를 지구의 공전 궤도면이라고 한다.

넷째, 태양 주위를 지구 역할을 하는 학생이 돌게 하고, 또한 달의 역할을 하는 학생은 지구 주위를 돌게 한다 (두 경우 모두 반시계 방향으로 돌게 한다).

다섯째, 1년 동안 달이 어떠한 운동을 하는지 그려보게 한다.

여섯째, 달의 운동에 대해 토의하여 보고, 놀이에서 잘못된 점을 찾아 수정하도록 한다.

일곱째, 서로의 역할을 바꾸어서 해본다.

3. 결과는 어떻게 나오는가?

   ① 이 실험을 통해 알고자 하는 내용은?

   ② 달은 지구 주위를 1년에 약 몇 번 도는가?

재미있는 탐구활동(역할 놀이를 통한 달의 운동 -2)

1. 3인 1조

2. 실험을 해 봅시다.

① 학습 자료: 광부용 전등, 태양 팻말, 지구 팻말, 달 팻말, 배구공, 색 분필

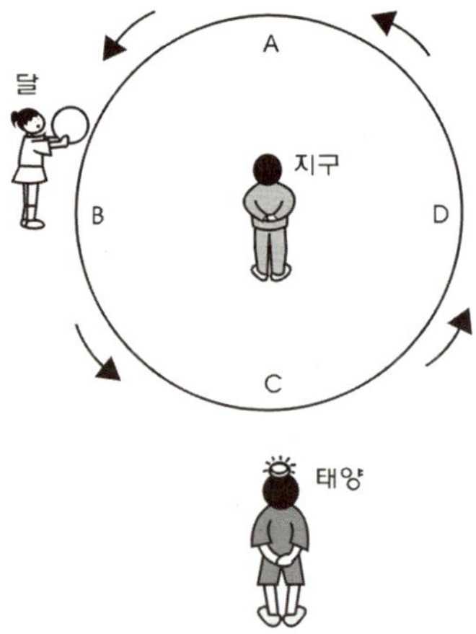

② 활동

첫째, 지구 역할을 할 학생과 달의 역할을 할 학생, 태양역할을 할 학생을 정한다.

둘째, 태양 역할을 할 학생은 전등에 불을 켠 후 제자리에 서 있는다.

셋째, 지구 역할을 하는 학생을 중심으로 바닥에 타원을 색 분필로 그린다.

넷째, 원의 한가운데에 지구 역할을 하는 학생이 서고, 원 둘레에는 음력날짜(1일, 3일, 7일, 15일, 23일)를 종이에 써서 붙여 놓는다.

다섯째, 달의 역할을 하는 학생은 머리위로 달을 올려놓고 지구를 중심으로 반시계방향으로 한바퀴 돈다.

여섯째, 달의 역할을 하는 학생은 각 날짜가 쓰여진 부분에 멈춰 서고, 이 때 지구 역할의 학생이 공이 보이는 모양을 기록한다. 이때, 달의 위상 변화가 달의 공전 때문임을 이해하게 한다.

일곱째, 달의 위상변화에 대하여 토의하여 보고, 놀이에서 잘못된 점을 찾아 수정하도록 한다.

여덟째, 잘못된 점을 수정하고, 서로의 역할을 바꾸어서 해본다.

3. 결과는 어떻게 나오는가?

① 이 실험을 통해 알고자 하는 내용은?

재미있는 탐구활동(역할 놀이를 통한 달의 운동 -3)

1. 3인 1조

2. 실험을 해 봅시다.

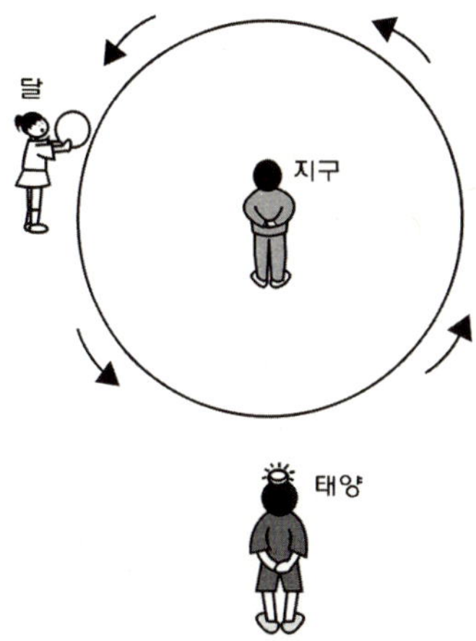

① 학습 자료: 광부용 전등, 태양 팻말, 지구 팻말, 달 팻말, 배구공, 색 분필

② 활동

첫째, 지구, 달, 태양의 역할을 할 학생들을 각각 정한다.

둘째, 태양 역할을 할 학생은 전등에 불을 켠 후 제자리에 서 있는다.

셋째, 지구 역할을 하는 학생을 중심으로 하여 분필로 타원을 바닥에 그린다.

넷째, 원 한 가운데에 지구 역할을 하는 학생이 선다.

다섯째, 달 역할을 하는 학생은 지구를 향하여 깃발을 들고 있는다.

여섯째, 지구 역할을 하는 학생을 중심으로 하여 반 시계방향으로 한바퀴 돈다.

일곱째, 깃발이 어느 방향을 향하고 있는지 관찰한다. 달의 깃발이 항상 지구를 향하는 동안, 달 역할 학생의 몸이 지구를 향해 조금씩 틀어지고 있으며 이것이 달의 자전임을 알게 한다. 즉, 달의 자전주기와 공전주기가 같기 때문에 달이 한쪽 면만 보임을 이해하게 한다.

여덟째, 달의 공전주기와 자전주기와의 관계에 대하여 토의하여 보고, 놀이에서 잘못된 점을 찾아 수정하도록 한다.

아홉째, 잘못된 점을 수정하고, 서로의 역할을 바꾸어서 해본다.

3. 결과는 어떻게 나오는가?

① 이 실험을 통해 알고자 하는 내용은?

제 8 강

망원기

◆ 망원기(telescope)란 무엇인가?

저자가 망원기에 대한 몇 가지 개념조사를 해본 결과 대부분의 학생들은 다음과 같은 잘못된 생각들을 갖고있는 것으로 밝혀졌다.

굴절 망원기는 두 개 이상의 렌즈를 사용하고, 반사망원기의 경우 반사거울을 사용한다. 또한 반사 굴절 망원기의 경우에는 하나의 반사거울과 하나의 렌즈를 사용하고 있다. 이러한 차이가 있는데도 망원경이라는 용어를 사용하고 있다. 망원경에서의 경(鏡), 대물경에서의 경(鏡), 접안경에서의 경(鏡) 등이 우리들로 하여금 망원경이 실제적으로 거울로 만들어진 것으로 판단하게 한다. 예를 들면, 학생들은 굴절망원경에서 대물경, 접안경을 렌즈로 생각하기보다는 거울로 만들어진 것으로 생각한다. 따라서, 저자는 망원경보다는 망원기(望遠機)라는 용어를 사용하는 것이 옳을 것으로 생각한다.

첫째, 망원기라 하면 단지 천체가 크게 보일 것으로 생각하는 것이다. 실제로 망원기는 단순히 천체를 크게 보이게 하는 것뿐 아니라, 동시에 멀리 있는 것을 가깝게 보여주고, 뚜렷하게 보여주기도 한다.

둘째, 망원기의 기능을 야구 경기장에서 경기를 즐기기 위해 사용하는 쌍안경의 수준을 생각하여 밤하늘을 구경하는 것이 전부인양 생각한다. 그러나 망원기는 천체에서 나오는 빛을 가지고 그 천체의 상태를 알아보는 데 목적이 있다.

셋째, 망원기의 구경이 크다고 천체가 크게 보일 것이라고 생각하는데, 이것은 잘못된 것이다. 구경의 크면 집광력이 좋아지고, 분해능이 좋아진다. 그럼 상의 크기와 관계되는 것은 무엇일까? 상의 크기는 흔히 f수라 불리는 값으로 f수는 f/D로 정의가 된다. 여기서 f는 반사경이나 대물렌즈의 초점거리이고, D는 반사경이나 대물렌즈의 직경을 말한다. 예를 들면, 구경이 100mm이고, 초점거리가 1000mm인 망원기(A)와 같은 구경에 초점거리가 1500mm인 망원기(B), 그리고, 구경이 200mm이고 초점거리가 2000mm인 망원기(C)가 있다고 하자. 상의 크기는 f수가 클수록 크게 나타나므로 상의 크기는 f수가 같은 A와 C 망원기는 같게 나타나지만, B 망원기는 상이 더 크게 보인다. 그러나 f수가 클수록 똑같은 크기의 상이 더 크게 보이므로 상은 점점 어둡게 보이게 되는 것이다.

넷째, 천체 망원기의 경우 배율이 높을수록 좋은 것으로 생각하는 것은 잘못이다. 쌍안경이나 현미경은 배율로 성능을 따지지만, 천체 망원기의 경우에는 대물렌즈나 반사경의 직경을 갖고 성능을 따진다. 왜냐하면 망원기의 경우 어두운 천체의 빛을 모아야하므로 집광력이 좋아야 한다. 또한 어느 두 물체를 분리해낼 수 있는 분해능도 좋아야 하는데, 이는 위에서 설명한대로 대물렌즈나 반사경의 직경과 밀접한 관계를 갖기 때문이다.

다섯째, 망원기와 현미경의 차이점은 무엇일까? 망원기와 현미경은 두 개 모두 상을 크게 볼 수 있다는 점에서 공통적인 특징을 지닌 것처럼 보인다. 그러나 엄밀하게 따져보면 둘 사이는 엄청난 차이가 있다. 현미경의 경우 우리가 눈으로 볼 수 없는 아주 작은 박테리아나 세포를 볼 수 있도록 상을 크게 확대해 주지만, 망원기의 경우는 다르다. 예를 들어 아주 먼 거리의 운동장에 사람이 서 있다고 하자. 우리 눈으로는 그 사람의 형태를 정확히 알기 어렵다. 그러나 쌍안경으로 그 사람을 보면 그 사람이 어떠한 옷을 입고 있는지, 지금 어떠한 행동을 하고 있는지 등을 확인할 수 있다. 그러나 그 사람이 쌍안경의 조그마한 렌즈안에 들어올 정도로 작다는 것은 아니다. 이상의 설명을 정리해 보면 다음과 같다.

"현미경은 작은 크기의 상을 보다 더 크게 볼 수 있게 해준다. 그런데 망원기는 사람이 렌즈 안에 다 들어오므로 원래의 물체보다 작은 크기로 보인다. 그러나 우리가 눈으로 볼 수 있는 것보다 더욱 자세하고 정밀하게 볼 수 있도록 해준다."

망원기의 종류에는 전자기 스펙트럼의 파장에 따라서 가시광선 영역의 광학망원기, 적외선 영역의 적외선 망원기, 전파 영역의 전파 망원기가 있다. 광학망원기에는 굴절망원기, 반사망원기, 반사굴절 망원기가 있다.

◆ 광학망원기의 종류, 구조, 명칭, 장단점은 무엇인가?

광학망원기에는 대물렌즈(대물경)에 따라 크게 세 가지 즉, 굴절망원기와 반사망원기, 반사·굴절 망원기로 나눌 수 있고, 가대(마운팅)양식에 따라 지평좌표계식(경위대식)과 적도좌표계식(적도의식)으로 나눈다.

굴절망원기는 망원기 경통의 끝에 거대한 대물 렌즈가 놓여 있어 빛이 이 렌즈에서 휘어진 후 초점에 모이게 하는 망원기이다. 굴절망원기에는 갈릴레이식과 케플러식이 있다. [그림 8-1]은 굴절망원기의 빛이 들어오는 경로, 구조, 명칭을 보여주고 있다.

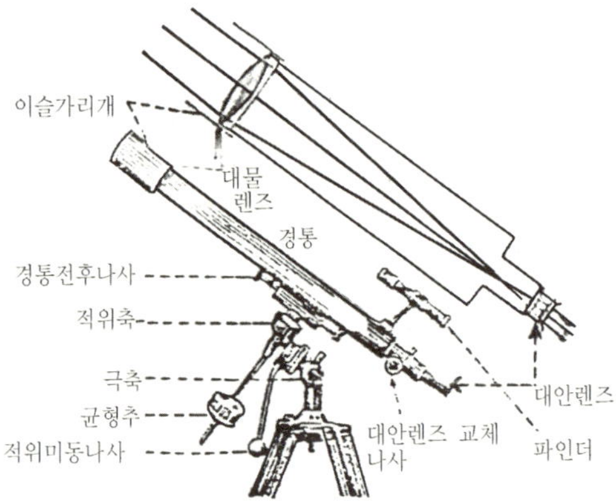

[그림 8-1] 굴절 망원기

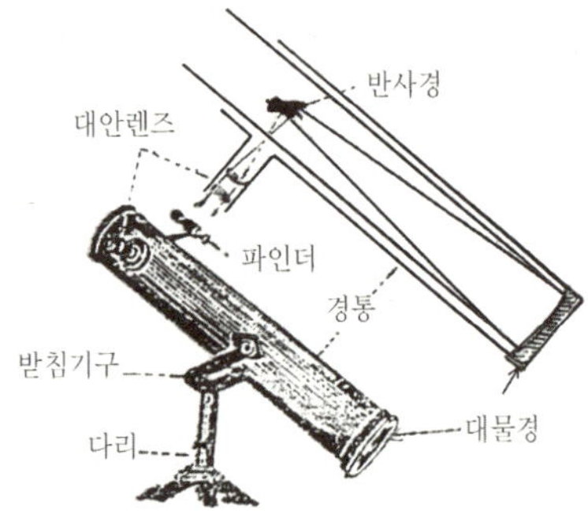

[그림 8-2] 반사망원기

굴절망원기는 사용하기 쉽고 조정이 간단하고 재빨리 관측할 수 있으며 대안렌즈의 성능에 크게 좌우되지 않는 장점을 가진 반면에, 대물렌즈로 인해 색수차가 크고 값이 비싸고, 제작하기 어려우며 천정 부근을 관측하기가 힘들다는 단점을 가지고 있다.

반사망원기는 렌즈 대신 오목 거울로 빛을 반사시켜 상을 얻는 망원기이다. 반사망원기에는 뉴튼식, 카세그레인식 등이 있다. [그림 8-2]는 반사망원기의 빛이 들어오는 경로, 구조, 명칭을 보여주고 있다.

반사망원기는 대물경(거울)을 사용하기 때문에 색수차가 없어 상이 선명하고 값이 싸고, 제작하기도 쉬우며 관측할 때 자세가 편하다는 장점을 가진 반면에, 조정이 번거롭고 반사경의 손상을 막기위해 도금을 하여야 하며 온도의 변화에 약하다는 것과 경통 안으로 공기가 유입됨으로써 상이 흐려진다는 단점을 가지고 있다.

가대(마운팅)양식에 따라 지평좌표계식(경위대식)과 적도좌표계식(적도의식)으로 구분된다. 지평좌표계식(경위대식)은 말 그대로 지평좌표계에 적용하는 것으로 유람선, 빌딩 옥상, 관광지에 있는 지상 망원경처럼 상·하·좌·우로 마음대로 움직일 수 있는 가대를 말한다. 지상의 원거리 관측, 혜성 수색 관측, 태양·달의 관측, 사진 촬영 등 짧은 시간의 모든 관측에 쓰인다.

[그림 8-3]의 지평좌표계식(경위대식)은 받침대에 수평 회전축과 수직 회전축을 붙인 것으로 망원기를 수평축의 주위로 돌리면 어느 고도나 방위로도 향하게 만들어 놓은 것이다.

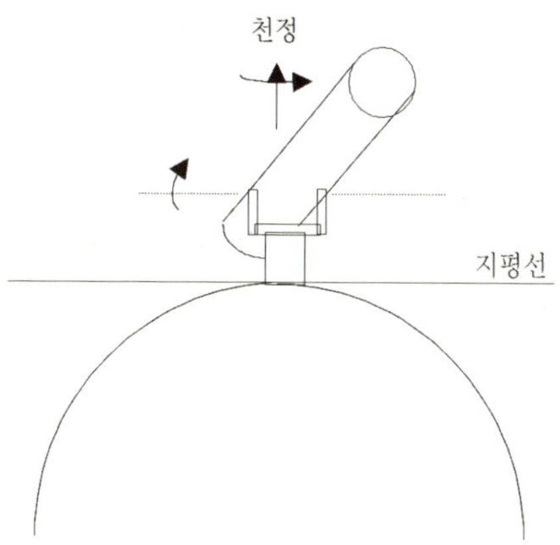

[그림 8-3] 지평좌표계식 망원기

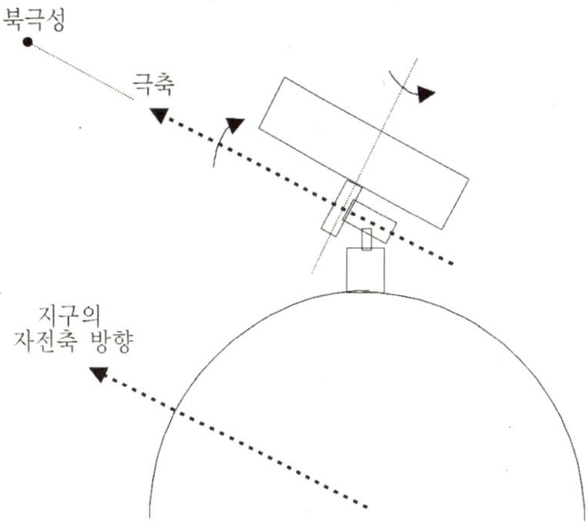

[그림 8-4] 적도좌표계식 망원기

[그림 8-4]의 적도좌표계식은 극쪽으로 향한 극축과 거기에 직각인 적위축을 갖으며, 적위축에 직각으로 망원기를 장치하는 방식이다. 이것은 적도 좌표계를 적용하는 것으로 천체 관측시, 천체의 진행 방향으로만 망원경을 돌리도록 만든 것이다. 천체는 극축의 주위를 도는 일주운동을 하므로 장시간동안 같은 천체를 추적하면서 사진을 찍는다거나 정밀관측을 해야할 때에는 적도좌표계식을 사용하

는 것이 편리하다. 그러나 이러한 관측을 수행하기 위해서는 아주 정확하게 극축을 지구 자전축에 평행이 되게 설치하지 않으면 안된다.

◆ 좋은 망원기란 무엇인가?

망원기의 성능을 좌우하는 것은 다음 몇 가지로 요약할 수 있다. 첫째, 빛을 모으는 기능인 집광력이다. 집광력은 망원기의 구경 즉, 대물렌즈(대물경, 반사경)가 크면 클수록 좋아진다. 둘째, 가까이 있는 두 물체를 얼마나 잘 분리해 낼 수 있는가를 나타내는 분해능(해상력)이다. 셋째, 겉보기 상의 밝기를 말하는 F수(F=대물렌즈의 촛점거리÷구경)이다. F수가 작은 렌즈일수록 밝은 상이 얻어진다. 넷째, 망원기가 볼 수 있는 가장 어두운 천체의 등급을 나타내는 극한등급이다.

◆ 전파망원기는 무엇인가?

천체에서 오는 전파를 받는 장치를 전파망원기라 한다. 그 구조는 전파를 모으는 안테나, 약한 신호를 증폭하여 검출하는 수신기, 기록장치로 이루어진다[그림 8-5]. 전파는 눈에 보이지 않지만 밤·낮에 관계없이 또는 일기에 관계없이 관측할 수 있다는 장점이 있다.

[그림 8-5] 전파 망원기

[그림 8-6] 우주 망원기

◆ 우주망원기는 무엇인가?

우주망원기란 천체 망원기를 인공위성에 실어 우주공간에 설치한 것을 말한다. 허블 망원기[그림 8-6]은 1990년에 발사된 지름 2m의 우주망원기로, 지구대기를 거치지 않은 빛을 직접 관측하기 때문에 지상에서 가장 커다란 망원기보다 우수한 성능을 자랑한다.

◆ 우리나라의 국립 천문대는 어디에 있을까?

우리나라의 국립 천문대는 세 곳이 있다. 제일 먼저 세워진 곳은 소백산 천문대로 1977년에 설립되었다. 소백산 국립공원내의 해발 1,400m 연화봉에 위치하고 있으며, 61cm 반사 망원기가 설치되어 있다. 소백산 국립공원에 자리잡고 있어, 많은 사람이 드나들 수 있는 장점이 있지만 충주호로 인한 기상변화로 관측 가능 일수가 적어지고, 겨울에 눈이 많이 오며 교통이 불편하고, 주위에 큰 도시가 없어서 자제구입에 어려운 단점이 있다. 두 번째로 세워진 곳은 대덕 전파 천문대로

1986년에 설립되었다. 대전시 유성구 대덕연구단지 내에 위치하고 있으며, 전파 망원기가 설치되어 있다. 그것의 지름은 14m이고 형태는 접시모양이다. 세 번째로 세워진 곳은 보현산 천문대로 1996년에 설립되었다. 경북 영천시 보현산(해발 1,162m)에 위치하고 있으며, 1.8m 반사 망원기와 태양 플레어 망원기가 설치되어 있다. 맑은 날수가 많고 강수량이 적어 관측하기에 좋다.

◆ 망원기로 관측하기 전에 해야 할 것들은 무엇일까?

망원기로 관측하기에 앞서 다음을 먼저 반드시 확인해야 한다.

첫째, 광축의 점검이다. 즉, 대물렌즈나 대물경은 경통에 대하여 수직이 되도록 해야 하는데, 이를 점검하는 것을 광축의 점검이라고 한다. 반사 망원기의 경우를 고려해 보자. 접안렌즈부분을 떼어내고 안을 들여다 보았을 때, 반사경을 통해 대물경이 보이는데 [그림 8-7]의 (그림 ①)과 같은 형태로 보여야 광축이 정확히 일치한 것이다.

① 광축의 일치

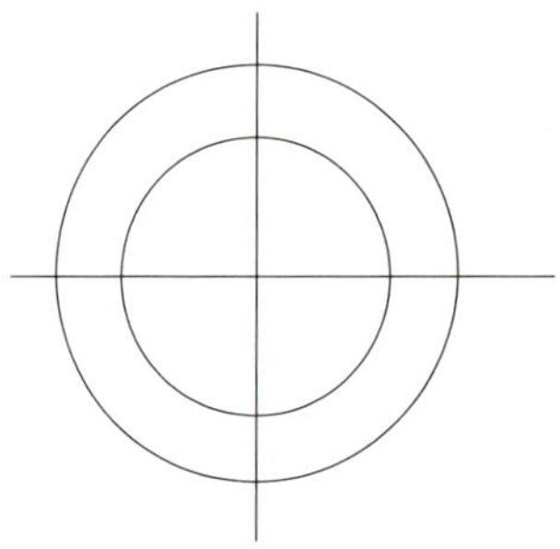

접안렌즈를 떼어내고 안을 들여다 보았을 때, 광축이 일치한 경우에는 그림처럼 동심원 모양을 이루게 된다.

② 광축의 일그러짐

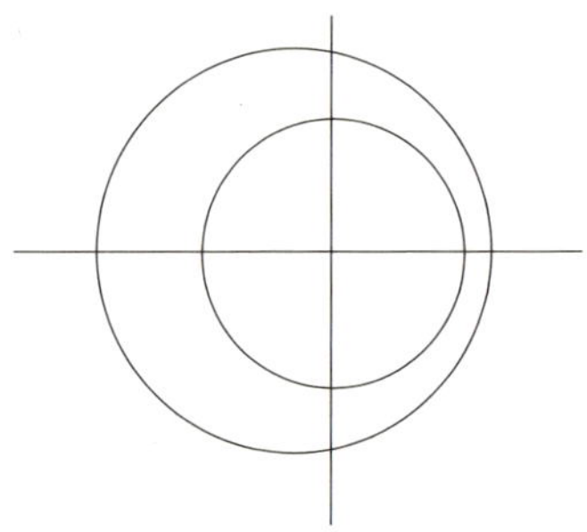

광축이 일그러진 경우에는 그림처럼 두 원이 어긋나게 된다.

[그림 8-7] 광축의 일치(그림 ①)과 광축의 일그러짐(그림 ②)

만약 (그림 ②)와 같은 형태로 두 원이 어긋나 보인다면, 이 때는 부경을 고정하는 나사를 조였다 풀었다 하면서 (그림 ①)과 같은 상태가 되도록 해야 한다.

둘째, 파인더의 정렬과 점검이다. 천체 망원기의 경통에는 조그만 파인더가 붙어 있다. 천체 망원기는 비교적 배율이 커서 시야가 좁기 때문에 관측 대상을 찾기에는 불편하다. 따라서 망원기와 파인더가 평행이 되도록 조정해야만 실제 관측시 시야가 넓은 파인더를 통해서 관찰하고자 하는 천체를 쉽게 찾고 그 천체를 파인더의 십자선(+)상에 맞추면 망원기의 시야에도 들어와 있어 망원기로 관측할 수 있다.

셋째, 극측을 조정해야 한다. 이것은 적도좌표계식 망원기에서만 적용된다. 극축을 맞춘다는 것은 망원기의 회전축의 하나인 적경축을 지구의 자전축과 평행하게 만드는 것을 의미한다. 망원기 시야에 어떤 천체를 넣었을 때 적경축만을 하루에 1회전하는 속도로 회전시켜 주면 그 천체는 정지한 것 같이 관찰할 수 있게 조정하는 것이 극축조정이다.

넷째, 성도를 참고해 관측대상을 찾는다. 관측하려는 천체를 미리 성도를 보고 어느 별자리에 있는가를 알아내어 천구상에서 그 천체의 대강의 위치를 확인해 둔다.

◆ 망원기 조작은 어떻게 하면 되는가?

첫째, 망원기에 부착되어 있는 나사는 조동나사와 미동나사가 있다. 먼저 적경과 적위축의 조동나사를 풀어 크게 움직이면서 경통과 별을 나란히 일치시킨다. 이렇게 일치시키고 난 후 조동나사를 고정시키고, 파인더를 보자. 그러면 파인더 내에 천체가 들어와 있을 것이다. 이후에는 미동나사를 움직여가면서 천체를 파인더의 중앙에 오게 하면 된다. 그러면 망원기 안에 관측하려는 천체가 위치할 것이다.

재미있는 탐구활동(망원기의 원리)

1. 간이 망원기, 굴절 망원기 및 반사 망원기를 준비하자.

2. 망원기의 원리는 어떻게 알아내면 될까?
   ① 간이 망원기를 조립하여 보자.
   ② 굴절망원기와 반사망원기를 실외에 설치하고 주변의 특징적인 건물이나 글자를 확인해 보자.

3. 결과는 어떻게 나오는가?
   ① 만들어 놓은 간이 망원기를 통해 "가"라고 쓰여진 글자를 보자. 어떻게 보이는가?
   ② 실외에 설치한 굴절 망원기와 반사망원기를 통해 주변의 큰 글씨나 특징적인 건물을 보았을 때 어떻게 보이는가? 아래의 그림에 상·하·좌·우를 표시해 보자.

〈굴절 망원기〉 **〈반사 망원기〉**

※ 위의 관측 결과는 실제 천체의 형태는 망원기를 통해 보이는 천체의 형태와 다르다는 것을 알려준다.

제 9 강 별의 진화

◆ 별은 어떻게 만들어지는가?

우리는 흔히 "별" 하면 항상 밝게 빛나고 영원 불멸할 것이라고 생각한다. 그러나 이들 별들도 생노병사의 과정을 거치게 된다. 여기서 별의 죽음은 끝이 아니라 또 다른 시작을 의미한다는 것을 잊어서는 안된다. 별이 죽을 때 방출하는 무수히 많은 가스나, 폭발시 생기는 엄청나게 강한 항성풍(에너지)은 새로운 별의 탄생을 위한 토대가 된다. 예를 들면, 태양보다 질량이 3배 이상되는 무거운 별은 죽기 직전 초거성이 되어 폭발하게 되는데, 이 폭발이 초신성 단계이고, 이 때 발생한 무수히 많은 물질들과 에너지는 주위의 우주 공간의 성간 물질에 영향을 미쳐 별이 탄생하는데 결정적인 역할을 하는 것이다.

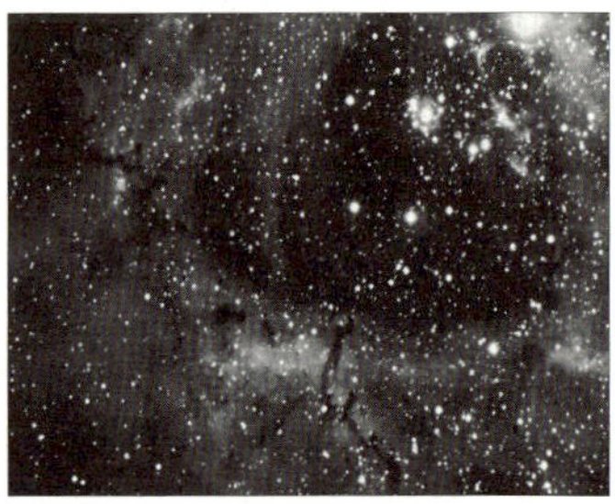

[그림 9-1] 성간 분자운(장미성운)

별의 생성은 우주 공간에 있는 성간 분자운[그림 9-1]과 밀접한 관계가 있다. 이 성간 분자운은 그 밀도가 일반적인 별과 별 사이의 밀도보다도 수 만배 이상 더 나간다. 이들은 초신성의 폭발이나 기타 다른 영향에 의해 보다 빠르게 중력 수축이 일어나게 되는 것이다. 초기에 중력적인 수축에 의해 가스나 먼지가 모여들게 되면 차츰 온도와 압력이 상승하게 된다.

중심부의 온도가 1000만K 이상이 되면, 중심부에서는 핵융합 반응을 일으키게 되며, 이러한 상태를 원시별(protostar)이라 한다. 이 때는 아직 별 주위에 가스나 먼지가 많이 존재하고, 군데 군데 이러한 원시별의 집합체가 원시 성단을 이루게 된다. 또한 원시별 주위의 가스나 먼지는 소용돌이 치며 중심으로의 중력 수축이 여전히 진행되고 있다.

원시별의 단계를 거치면 전주계열성(pre-main sequence)이라는 단계를 거치며, 이들은 T Tauri형 변광성으로 주계열성 근처에서 관측된다.

전주계열성 단계를 거쳐 주계열성이 되면 중심부에서 수소 핵융합 반응으로 만들어진 에너지가 본격적으로 별 표면으로 전달되어 항성풍으로 우주 공간에 퍼져나간다. 이 항성풍은 별 주위의 가스나 먼지등을 날려버리게 되고, 하늘에 밝게 빛나는 하나의 아름다운 별로서 우리 눈에 관측되게 된다. 여기서 막 주계열성 단계에 이르렀을 때를 영년령 주계열성(zero age main sequence)이라 한다. 사람으로 말하면 유아기를 지나 본격적인 사회활동을 하는 청장년기에 들어선 셈이 되는 것이다. 이 단계에서 별은 상당히 안정된 상태가 된다.

영년령 주계열성이 되는 시간을 따져보면, 태양과 같은 별은 약 3000만년 정도 걸리고, 태양보다 질량이 무거운 별일수록 그 기간은 짧아져 태양보다 3배 정도 무거운 별은 불과 10만년 정도 밖에 안걸린다. 반대로 태양보다 질량이 약 0.1배 가벼운 별은 약 1억년 정도 소요된다[그림 9-2].

◆ 별은 대부분의 일생을 어느 단계에서 보낼까?

H-R도 상에서 관측되는 대부분의 별이 주계열성이고 보면, 별은 대부분의 생을 주계열성 단계에서 보낸다는 것을 알 수 있다. 그러나 별의 질량에 따라 그 수명은 엄청난 차이가 나는데, 태양 정도의 질량을 갖는 천체는 주계열성 단계에서 약 100억년 정도 머무는데 비해 태양보다 20~40배 정도되는 O, B

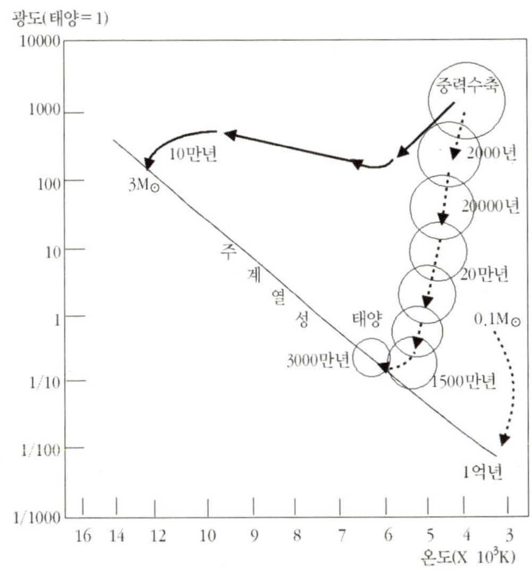

[그림 9-2] 전주계열성에서의 질량에 따른 별의 진화

형 별들은 수 백만년 정도만 이 단계에 머무르게 되며 그 종말 또한 빨라지게 된다. 이렇게 질량이 큰 별일수록 수명이 짧은 이유는 주계열성 단계에서 중심 온도가 높아 수소핵 융합 반응이 격렬하게 일어나게 되고, 그 결과 중심에 있는 수소를 빨리 소진하기 때문이다.

그러면 이들 주계열성 내부의 구조는 어떻게 생겼을까? 주계열성의 내부 구조는 별의 질량에 따라 달라지는데 먼저 태양 정도의 질량을 갖는 별(M〈2M⊙)의 경우를 살펴보자[그림 9−3]. 이 별은 중심부에 수소 핵융합 반응을 일으키는 핵이 존재하며, 이곳에서 만들어진 에너지는 핵 바깥쪽에 존재하는 복사층을 통해 별의 맨 바깥쪽의 대류층에 전달된다. 태양의 광구에 나타나는 쌀알 조직의 관측으로부터 별의 포피부에 대류층이 존재한다는 사실을 쉽게 확인할 수 있다.

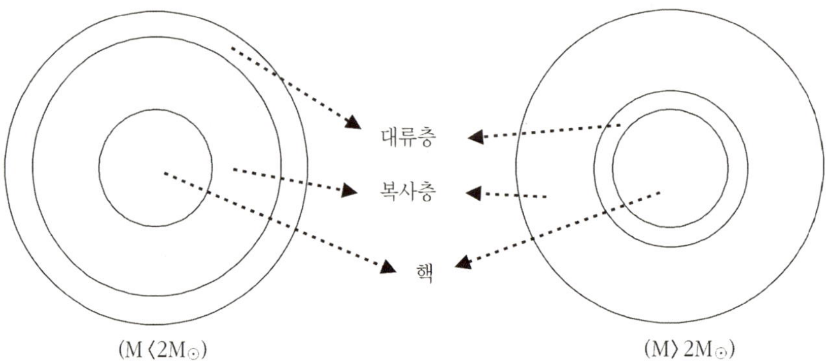

[그림 9−3] **별의 내부 구조**

그러나 태양보다 무거운 천체(M〉2M⊙)는 중심에 수소 핵융합 반응이 일어나는 핵이 존재하는 것은 같으나 핵 바깥쪽에 대류층이 있고, 그 바깥쪽으로 복사층이 존재한다[그림 9−3].

주계열성 단계에서 질량에 따른 물리적인 성질을 보면 〈표 9−1〉과 같다.

〈표 9-1〉 주계열성에서의 물리적인 성질

질 량 ($M/M_\odot$)	광 도 ($L/L_\odot$)	표면온도 (K)	반 경 ($R/R_\odot$)	중심밀도 (g/cm^3)	중심 온도 (K)	수 명 (억년)
50	3.2×10^5	4.4×10^4	9.2	2.5	4.0×10^7	6.5×10^{-2}
20	3.7×10^4	3.4×10^4	5.7	4.6	3.5×10^7	1.1×10^{-1}
10	4.7×10^3	2.4×10^4	3.8	9.0	3.1×10^7	2.9×10^{-1}
5	4.5×10^2	1.7×10^4	2.6	21	2.7×10^7	1.1
1	7.1×10^{-1}	5.4×10^3	0.98	87	1.4×10^7	1.1×10^2
0.5	3.7×10^{-2}	3.8×10^3	0.44	85	8.9×10^6	1.8×10^3

◆ 주계열성 이후의 삶은 어떠할까?

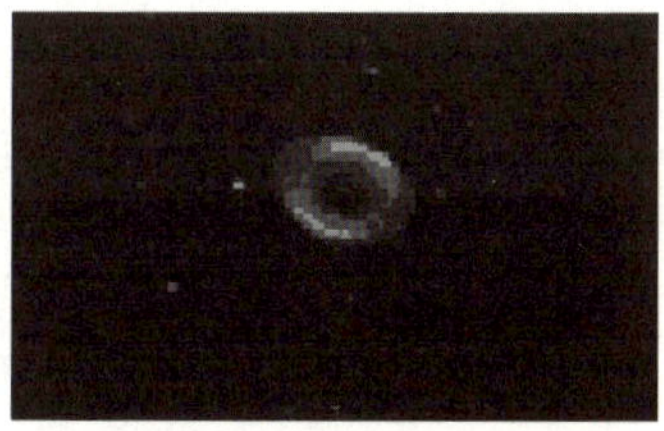

[그림 9-4] 행성상 성운

주계열성 이후에 별들은 질량에 따라 다른 운명을 맞이하게 된다. 죽음에 이르렀을 때의 질량이 태양의 1.4배 이하인 별은 적색 거성 단계를 거쳐 별 내부의 에너지를 서서히 방출하면서 점차 행성상 성운(planetary nebula)이 되고 그 나머지는 행성상 성운[그림 9-4]의 중심부에 남아 백색왜성(white dwarf)이 된다. 그 대표적인 별은 거문고 자리에 있는 M57로서, 이 행성상 성운은 적색 거성 대기의 방출에 의해 형성된 것으로, 이 성운의 중심부에서 백색왜성이 관측되었다. 행성상 성운의 경우 팽창 속도는 대략 수백 km/s 정도 된다. 태양의 경우 이러한 경로를 따라 죽음에 이르게 되는데, 백색왜성이 되었을 때의 태양의 크기는 대략 지구 정도쯤 될 것이다. 이들은 그 중심의 밀도가 약 $1ton/cm^3$ 정도로 고밀도의 천체가 되는 것이다. 참고적으로 말하자면, 태양의 현재 밀도는 대략 $1.4g/cm^3$이며, 지구는 그보다 약간 큰 $5.52g/cm^3$이다.

죽기 직전 별의 질량이 태양 질량의 1.4~3배 정도되는 별은 적색 거성 단계를 거쳐 초거성이 되고 이 후 강렬한 폭발과 함께 광도가 무려 수 백만~수 천만 배나 밝아지게 된다. 이를 초신성 폭발이라 하고, 초신성 폭발의 잔해속에 중성자별이 있게 된다. 이 천체의 존재는 미리부터 예견되었지만, 실제로 관측이 이루어진 것은 1967년 영국의 휴위시(Hewish)와 대학원생이었던 버넬(Burnell)에 의해

서였다. 중성자별은 주기가 매우 짧고(대략 $1 \sim 10^{-3}$초 사이) 강한 전파원으로 관측되어 흔히 펄서(pulsar)라고도 부른다. 초신성 폭발시 방출 속도는 대략 10000km/s 정도로 그 에너지는 우리의 상상을 뛰어넘는다. 이 초신성 폭발과 중성자별의 대표적인 예는 1054년에 폭발한 게성운(crab nebula)으로 이 천체의 중심부에서는 강한 전파원을 내는 펄서가 있어 이를 중성자별로 추정하고 있다[그림 9-5].

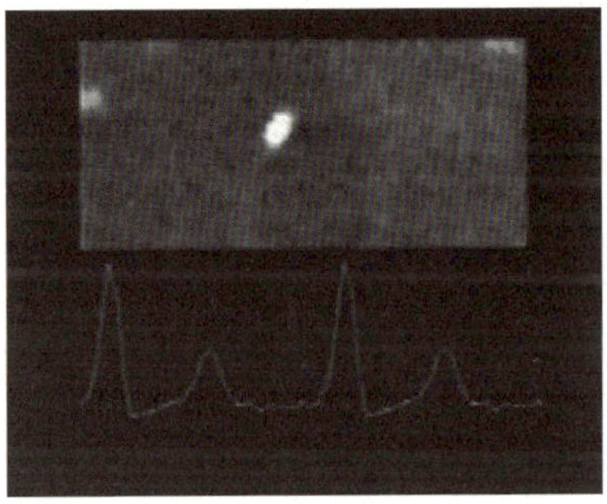

①　　②

[그림 9-5] ① 게성운의 가시광 영역의 사진과 ② 게성운 중심의 펄서

만약 태양이 중성자 별이 되려면, 지름이 약 10km정도의 구가 되어야 하는데, 지름만을 놓고 보면 이는 우리나라의 수도인 서울의 크기보다도 훨씬 작은 것이다.

별의 질량이 더 무거워 죽기 직전의 질량이 태양 질량의 3배 이상이 되면, 초거성 단계를 거쳐 블랙홀(black hole)이 되는데, 이는 아주 고밀도의 천체로서 주위의 물체를 끌어들이면서 블랙홀 주위에 원반 모양을 형성하게 된다. 천문학자들은 이를 "강착 원반(accretion disk)"이라 부르고 있다. 강착 원반의 중심부에서도 중성자 별처럼 강한 X선을 내며, 이를 관측하여 블랙홀의 존재를 예견할 수 있는 것이다(예, Cygnus-A). 태양이 블랙홀이 되려면 현재의 질량은 그대로 유지한 채 그 지름이 1km정도로 작아져야 하며, 지구가 블랙홀이 되려면 지름이 약 2cm정도가 되어야 한다.

별의 질량에 따른 진화를 표로 나타내면 〈표 9-2〉와 같고, 이를 그림으로 나타내면 [그림 9-6]과 같다.

〈표 9-2〉 별의 질량에 따른 진화 경향

주계열별의 질량 (태양=1)	진 화 단 계
3 이하	주계열성 → 적색거성 → 행성상성운 → 백색왜성(M〈1.44M⊙)
3~8	주계열성 → 적색거성 → 초거성 → 초신성 → 중성자별(1.44M⊙〈M〈3M⊙)
8 이상	주계열성 → 초거성 → 초신성 → 블랙홀(M〉3M⊙)

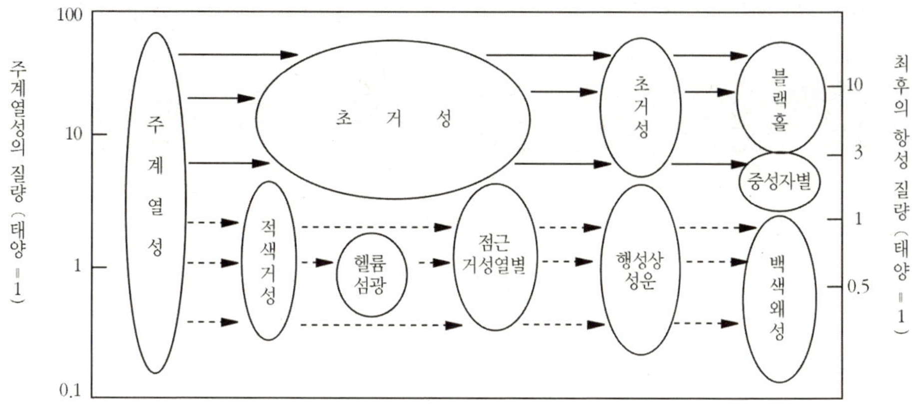

[그림 9-6] 별의 진화 경로 요약도

◆ 별이 진화하면서 그 내부구조는 어떻게 변화하는가?

태양과 같은 질량을 갖는 별이 진화를 거듭하면서 그 내부 구조는 어떻게 변화해 갈까? 영년령 주계열성이 되면 별의 중심에서는 수소 핵융합 반응이 일어난다. 수소 핵융합 반응이 진행되면서 중심부의 수소는 점점 고갈되어 가고, 수소 핵융합 반응의 산물인 헬륨은 그 양이 점차 증가하게 된다. 그로 인해 수소 핵융합 반응이 일어나는 영역은 중심부에서 바깥쪽으로 이동하게 되고 별의 중심부에서는 헬륨핵이 형성된다. 헬륨 핵융합 반응이 일어나는 시점은 적색 거성 단계에 이르렀을 때로 태양은 그 반지름이 태양에서 지구 정도에 이르게 된다. 아마 이 때쯤 되면, 지구는 태양에 사로 잡혀 우주 공간에서 사라지게 될 것이다. [그림 9-7]

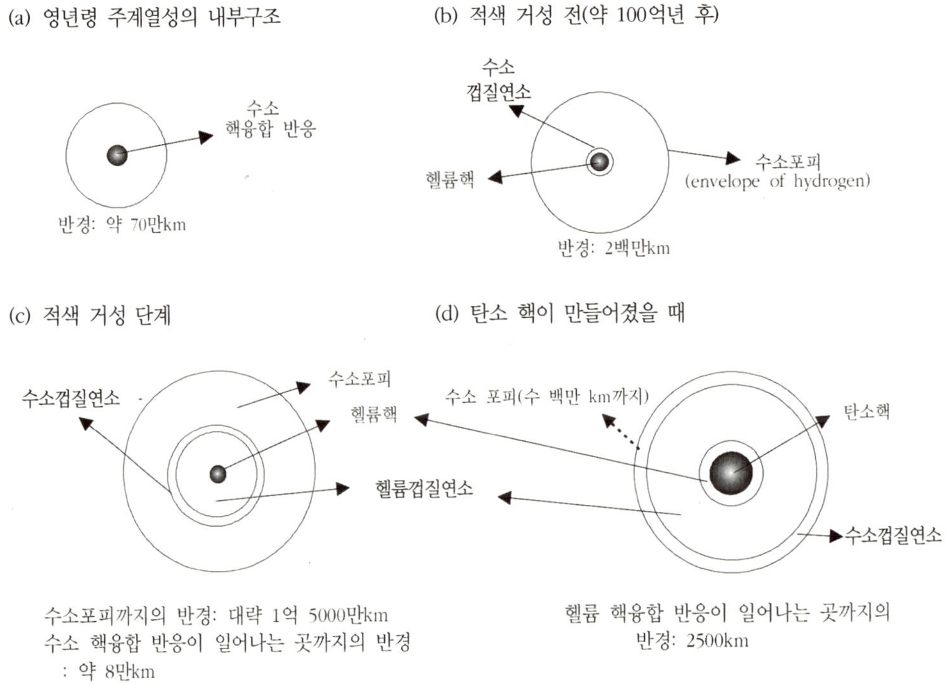

[그림 9-7] 태양 정도의 질량을 가진 별의 진화 단계별 내부 구조

◆ 별은 에너지를 어떻게 얻을까?

별은 수소 핵융합 반응을 하여 에너지를 얻는다. 이를 간단히 나타내면, 다음과 같다.

$$H + H + H + H \rightarrow He$$

여기서 수소 4개를 합한 질량과 헬륨 1개의 질량을 비교해 보면 수소 4개를 합한 질량이 더 크다. 이를 토대로 추리해 보면, 수소 4개가 결합해서 헬륨이 만들어질 때 중간에 질량 손실이 생긴다는 것을 알 수 있다. 이 질량 손실이 별에서

에너지를 만들어 내는 원동력이 되는 것이다. 아인슈타인의 상대성 이론에 따르면 질량 손실이 어떻게 에너지로 전환되는지 알 수 있다. 아래의 공식에서 E는 에너지이고, m은 질량 손실량을 나타내며, c는 광속으로 300000km/s 이다.

$$E=mc^2$$

태양과 같은 별에는 거의 전부가 수소이고, 이들 중 약 10%만이 에너지 전환에 쓰이므로 태양의 수명을 계산해 보면, 약 100억년 정도가 된다는 것을 알 수 있다.

재미있는 탐구활동(성단의 나이 결정)

1. 성단의 관측자료(부록 10), 나이를 구해 놓은 그래프, 모눈종이, 트레이싱페이퍼 등을 준비하자.

2. 나이는 어떻게 구하는가?
   ① 모눈종이 위에 트레이싱페이퍼를 올려 놓고, 관측한 산개성단의 자료를 그 위에 표시해 보자.
   ② H-R도 상에 미리 모델 계산을 통해 구해 놓은 별의 나이에 대한 그래프를 놓고, ①에서 표시한 트레이싱페이퍼를 그 위에 올려 가로축과 세로축을 맞추어 보자.
   ③ ①의 자료가 가장 잘 들어맞는 그래프를 그려보고, 이 때의 나이를 읽는다.

3. 결과는 어떻게 나오는가?
   ① 자료가 주어진 산개성단의 나이는 각각 얼마인가?

   ② H-R도 상에 나타나는 산개성단의 특징을 쓰시오.

   ③ 전향점(구상성단의 경우 주계열성에서 거성으로 이동하는 시점)을 나이 결정이나 거리 결정에 사용한다. 그 이유는 무엇이라 생각하는가?

   ④ O형 별이나 B형 별이 먼저 진화하는 이유를 간단히 서술하시오.

   ⑤ H가 He이 될 때, 약 0.0286의 질량 결손이 생긴다. 태양 질량의 10%만이 에너지 전환에 쓰인다면, 태양의 수명은? (단, 현재 태양의 광도는 3.90×10^{26} J/s이다)

제 10 강

은하계

◆ 우리 은하는 어떤 모양일까?

불빛이 없는 맑은 밤하늘을 수놓는 별들의 무리가 있다. 이 별들의 무리를 옛날 유럽지역에서는 아기를 돌보다가 여신(goddess)이 실수로 뿌려놓은 우유라고 여기며 이를 은하수(milky way)라 하였다. 우리나라에서는 "미리내"라는 아름다운 이름을 갖고 있기도 하다.

① 우리 은하수의 사진

③ 우리은하를 위에서 본 모습

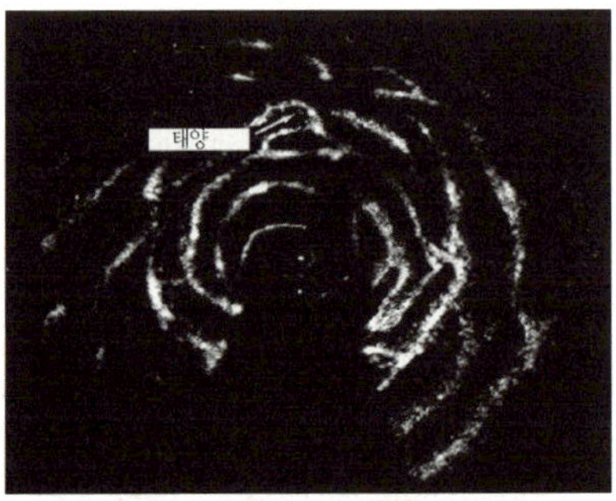

② 은하 단면도

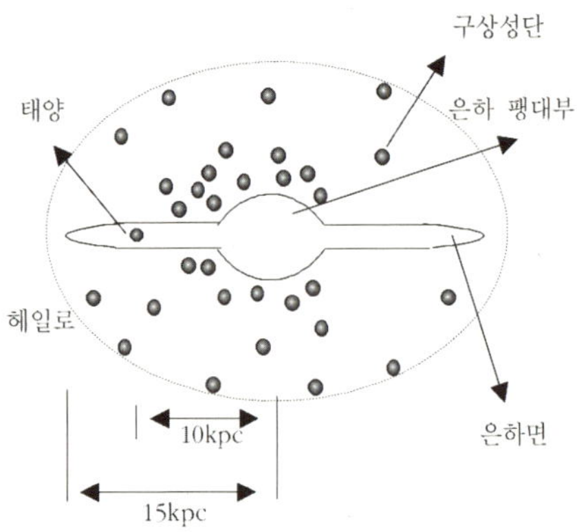

[그림 10-1] 우리 은하

또한 이 은하수는 거문고 자리의 직녀성과 독수리 자리의 견우성을 갈라놓아 슬픈 전설을 낳기도 했다. 이 은하수는 여름에 잘 보이는데, 그 형태를 보면 [그림 10-1]과 같다. ①은 궁수 자리 부근을 중심으로하여 찍은 은하수의 사진으로 대략적으로 그려보면 ②와 같다. ③은 H21cm파의 관측으로 알아낸 우리 은하를 위에서 본 모습이다.

태양은 은하 중심에서 약 10kpc 정도의 위치에 있으며, 우리 은하 주위를 250km/s의 속도로 돌고 있다. 따라서 태양이 우리 은하 주위를 한바퀴 도는데(≒ $2\pi R_\odot/v_\odot$) 무려 2억 4천만년 정도나 걸린다. 우리 은하의 크기는 반지름이 약 15kpc 정도 되며, 은하 원반(은하면)의 두께는 약 1500pc이고, 은하 팽대부(bulge)의 두께는 약 3000pc이다. 우리 은하는 약 100kpc 정도 되는 크기의 구형의 헤일로 속에 들어 있다.

은하면을 자세히 보면[그림 10-1, ①], 검은 띠모양이 나타나는데, 이 검은 띠는 은하면상의 먼지에 의해 빛이 가려진 것으로 별의 생성과 밀접한 관계를 갖고 있다. 우리 은하의 경우 성간 물질의 두께가 약 300pc 정도이고, 은하의 지름은 약 30kpc이므로 지름과 두께의 비를 구해보면 100 : 1 정도 된다. 즉 우리 원반을 그릴 때 지름을 10cm로 그린다면, 성간 물질 층은 1mm 정도로 그려야 한다는 것을 의미하는 것으로 성간 물질이 이루는 층이 얼마나 얇은지 미루어 짐작할 수 있다.

〈구상 성단〉

〈산개 성단〉

[그림 10-2] 산개 성단과 구상성단

성간 물질(가스나 먼지)은 우리 은하의 전역에 고르게 퍼져 있는 것이 아니라 은하면 상이나 나선팔 근처에 주로 분포하며, 젊은 별들과 함께 관측되고 있다. 일례로 오리온 자리의 오리온 대성운은 중심부에 트라페지움이라는 별들이 함께 관측되는데 이들은 불과 10000년 전에 별로 진화한 것이다. 나선팔에는 별들이 따로 따로 떨어져 있는 것이 아니라

OB 성협(O,B 형 별이 모여 있는 곳)이나 산개 성단을 비롯 위에서 간단히 언급한 바 있는 성간 물질의 집합체인 거대 성간 분자운 들이 집중적으로 몰려 있다.

◆ 우리 은하는 지역에 따라 존재하는 별의 물리적인 특성이 다른가요?

당연한 이야기이다. [그림 10−2]를 보면 두 천체의 형태가 다르다는 것을 알 수 있다.

우리 은하는 막대나선은하로서 중심에 은하 팽대부가 있고 그 바깥쪽으로는 나선팔이 존재하고 있으며, 은하 원반 바깥쪽으로는 헤일로가 존재하고 있다. 우리 은하 중심이나 헤일로에는 구상 성단이나 늙은 별들이 존재한다. 이들은 흔히 종족 Ⅱ(population Ⅱ)라고 불리며, 주로 붉은색을 띠고 있다. 특히 구상 성단은 나이가 많은 별이 구 형태로 모여 있는 천체로서 주위에 가스나 먼지가 거의 없으며, 중금속 함량 역시 매우 낮다.

그리고 우리 은하의 나선팔이나 은하면상에는 푸르고 밝은 별이 주로 관측되고 산개 성단도 많이 발견되는데 이 별들을 흔히 종족 I(population I)이라 부른다. [그림 10−2]의 산개 성단은 유명한 플레이아데스 성단으로 이 별 주위에 먼지에 의한 산란 현상을 볼 수 있으며, 종족 I의 별들은 나이가 젊고 푸르며, 별 주위에 가스나 먼지가 많다는 것을 알 수 있다. 또한 중금속 함량이 비교적 높게 나타난다. 이외에도 종족 I에는 OB성협이나 HII 영역 등도 포함되며, 이 중 OB성협의 별들은 그 수명이 수 백만년~수 천만년 정도밖에 되지 않는다.

◆ 다른 은하는 없을까?

우리 은하를 제외한 다른 은하들을 외부 은하라고 하는데 이들 외부 은하의 올바른 이해가 우리 우주의 생성과 종말 등의 모든 것을 알아내는 열쇠가 될 것이다. 이 외부 은하의 관측은 광학 망원기를 이용한 관측뿐만 아니라 전파 및 X선 등 여러 관측 장비를 이용하여 이루어지고 있으며 많은 진척을 이룬 것도 사실이지만 아직도 그 베일을 벗기기에는 미흡한 실정이다.

◆ 외부 은하들에는 어떤 것들이 있을까?

외부 은하를 관측해 보면 모양에 따라 타원 은하(E), 렌즈형 은하(S0), 정상 나선 은하(S), 막대 나선 은하(SB) 및 불규칙 은하(Irr) 등으로 나눌 수 있다. 관측에 의하면 대부분의 은하는 타원 은하, 정상 나선 은하 및 막대 나선 은하에 속한다[그림 10－3].

현재의 여러 이론에 의하면 외부 은하의 모양은 최초의 질량과 각운동량에 의해 결정되며, 이와 더불어 주위에 동반 은하가 존재하는지 또는 은하군에 속하는지에 따라서도 그 형태가 결정된다.

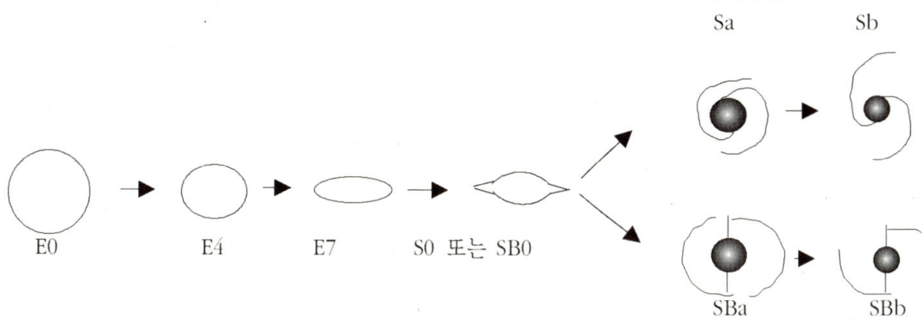

[그림 10-3] 허블의 외부 은하의 분류

우리 은하에서 멀리 떨어진 은하들을 관측하므로써 초기 외부 은하의 형태라든가 진화 경향 등을 알 수 있다. 또한 진화상의 색 효과(evolutionary color effect)는 10억 광년 이상 떨어진 외부 은하를 통해 알아냈는데, 이들은 젊은 은하로서 늙은 은하보다 밝고 푸르다는 것을 알 수 있다.

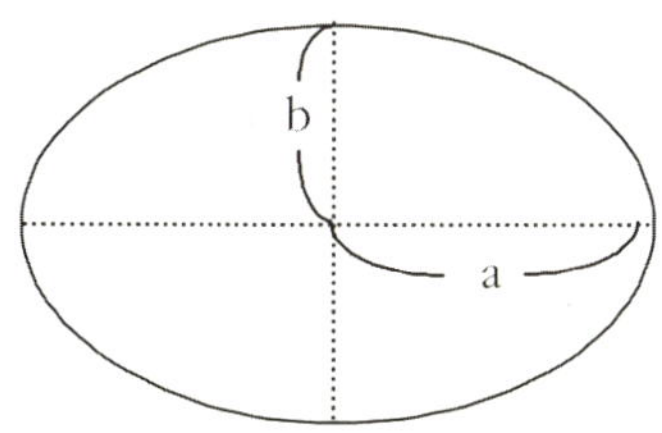

타원 은하의 편평도 = $\frac{10(a-b)}{a}$

예) a = 10, b = 5

따라서 E5 인 타원 은하

[그림 10-4] 타원은하의 분류

타원 은하는 계란 형태의 모양으로 나타나는 은하를 지칭하는 것으로 E0부터 E7까지로 나누며[그림 10－4], E0는 완전한 원, E7은 상당히 찌그러진 타원처럼 보이는 것이다. 이들은 별을 만드는데 필요한 가스나 먼지가 아주 희박하고, 나이도 아주 많은 천체들로 구성되어 있다〈표 10-1〉.

나선 은하는 정상 나선 은하(normal spiral galaxy)와 막대 나선 은하(barred spiral galaxy)로 나누어진다. 나선 은하는 우리 은하 처럼 밝은 나선팔(spiral arm)과 은하 팽대부(bulge)가 존재하며, 막대 나선 은하는 [그림 10-5]에서 보는 것 처럼 팽대부를 가로 질러 나무 막대가 꽂혀 있는 것과 같은 형태를 띠고 있다. 이들 나선 은하는 가스나 먼지가 많이 존재하며 은하 면상에는 나이가 비교적 젊은 별이 존재하고 은하 팽대부나 헤일로상에는 늙은 별들이 존재한다〈표 9-1〉.

〈표 10-1〉 은하의 형태에 따른 특징

	타원 은하	나선 은하	불규칙 은하
질량(X 10^9 M⊙)	$0.01\sim10^4$	10~400	0.1~30
직경(X 10^3 광년)	2~500	20~150	5~30
광도(X 10^9 L⊙)	0.01~100	0.1~10	0.01~2
절대 등급(M_V)	−9~−23	−15~−21	−13~−18
종족	II	I 또는 II	I 또는 II
성간 물질	가스나 먼지가 거의 없음	가스, 먼지	가스나 먼지가 많음

(가) 타원은하 (나) 정상 나선 은하 (다) 막대 나선 은하 (라) 불규칙 은하

[그림 10-5] 외부 은하의 형태상 분류의 예

불규칙 은하는 규칙성이 없는 모양으로 되어 있으며, 대표적인 은하가 지구의 동반 은하인 대・소마젤란 은하이다. 이 은하의 특징으로는 가스나 먼지가 상당히 많으며 대부분 밝고 젊은 별들로 구성되어 있다. 그러나 어떤 불규칙 은하는 가스나 먼지가 잘 발견되지 않는 것도 있다〈표 10－1〉.

[그림 10－3]과 위의 설명에서 보면 마치 불규칙 은하에서 타원 은하로 은하들의 형태가 진화해 가는 것처럼 보이나 은하의 진화 형태는 전적으로 은하가 생성될 당시의 화학 조성이나 초기의 질량 및 각운동량 등에 따라 은하의 형태가 결정된 것이지 시간이 지남에 따라 항상 다른 은하 형태로 진화하는 것은 아니다. 다시 말하자면 은하 생성 초기의 여러 물리적 조건의 차이에 의해 나름대로의 은하 형태가 결정되는 것이다.

외부 은하에는 이것들 말고도 은하의 중심부에서 많은 활동이 관측되는 활동 은하(active galaxy)나 강한 전파를 내는 전파 은하(예, 센타우르스 A 또는 NGC5128), 적외선 영역에서 특이하게 관측되는 세이퍼트 은하(seyfert galaxy)와 거의 우주 끝에 위치하며 준 항성 전파원(quasi-stellar radio source)인 퀘이사(quasar) 등이 있다.

활동 은하는 은하 중심부에 활동적인 핵이 존재하며 이 핵의 중심부에서는 바깥쪽으로 엄청난 속도의 수소기체가 뿜어져 나온다. 따라서 전파 관측은 물론이고 적외선이나 보다 높은 에너지를 내는 영역으로 관측을 해보면 일반적인 은하들보다도 많은 양의 에너지가 관측된다.

[그림 10-6] 전파은하

전파 은하는 활동 은하에 속하는 것으로 전파 영역에서 특히 강한 에너지를 내는 천체이다[그림 10－6]. 전파 영역의 강한 에너지는 이 천체에 강한 자기장이 있어서 그 주위를 빙글빙글 도는 전자에 의해 나타나는 복사에너지 때문일 것이라고 추정하고 있는데, 이러한 에너지의 흐름을 싱크로트론 복사(synchrotron radiation)라 한다. 이러한 에너지의 흐름을 통해서 추측해 보면 이 은하 중심부에 블랙홀처럼 고밀도의 천체가 있어서 이 별 주위로 다른 천체의 물질이 빨려 들어가면서 이렇게 강한 복사를 낼 수 있다는 것이다.

세이퍼트 은하의 특징을 살펴보면, 사진으로 관측할 때는 나선 은하처럼 보이지만 적외선 영역으로 관측하면 일반적인 나선은하보다 더욱 밝게 보이고, 직경이 약 10광년 정도인 핵이 존재한다. 그리고, 뜨거운 기체(hot gas)가 수 천km/s의 소용돌이 운동으로 인해 넓은 방출선이 나타난다.

퀘이사는 아주 희미한 천체로서 우주의 생성 초기에 만들어진 것으로 이들의 시선 속도를 관측해 보면, 이 천체의 후퇴속도가 빛의 속도의 $\frac{1}{2}$배나 되는 것도 있다. 이들의 크기는 태양계보다 약간 큰 정도이지만, 그 밝기는 우리 은하보다도 더 밝다. 또한 적외선이나 고에너지(자외선 영역)에서도 관측이 가능하다.

또한 두 은하의 충돌로 생긴 충돌 은하, 질량이 큰 은하가 질량이 작은 은하를 지나면서 생긴 포획 은하(galaxy cannibalism)등 많은 외부 은하들이 있다.

재미있는 탐구활동(성단의 관측)

1. 성도, 렌턴, 관측일지, 망원기를 준비하자.

2. 성단을 관측해 보자.
   ① 늦가을이나 겨울철이라면 플레이아데스 성단을 관측하고, 다른 계절이라면 성도에서 대표적인 산개성단을 찾아 사진관측 및 스케치를 해보자.
   ② 여름철이라면 M13 구상성단을 관측하여 보고 다른 계절이라면 성도에서 대표적인 구상 성단을 찾아 사진 관측 및 스케치를 해보자.
   ③ 각 성단의 특징을 살펴본다.

3. 결과는 어떻게 나오는가?
   ① 플레이아데스 성단과 같은 산개성단의 특징을 써보자.

   ② M13과 같은 구상성단의 특징을 써보자.

   ③ 위 두 성단을 색, 형태(모양), 별의 개수 등을 비교하여 설명해보자.

   ④ 이를 토대로 하여 하이아데스 성단을 관측하고, 이 성단이 산개 성단인지 구상 성단인지 판별해 보자.

재미있는 탐구활동(은하의 분류)

1. 쌍안경, 삼각대, 망원기, 은하의 분류표를 준비하자.

2. 은하를 분류해 보자.
   ① 쌍안경을 이용하여 안드로메다은하를 관측해보자
   ② 은하의 분류표 [그림 9-3]과 비교하여 은하의 형태상 분류 중 어디에 속하는지 조사한다.

3. 결과는 어떻게 나오는가?
   ① 안드로메다 은하는 은하의 분류상 어디에 속하는가?

   ② 타원은하, 나선은하 및 불규칙은하의 특징을 기술해보고, 안드로메다 은하의 물리적인 특징을 추론해 보시오.

   ③ 다음은 타원은하이다. 이 은하는 타원은하 중 어디에 속하는가?

왼쪽: 오른쪽:

   ④ 처녀자리 부근은 은하가 무수히 많이 발견된다. 망원기를 이용하여 관측해보자. 이렇게 은하가 많이 발견되는 곳을 무엇이라 부르는가?

제 11 강 우주

◆ 우주에 관한 이론의 변천과정과 현재의 이론에는 어떤 것들이 있는가?

기원전 340년에 그리스의 철학자인 아리스토텔레스(B.C. 384~322)는 『천구에 관하여』란 저서에서 지구는 구형이며, 우주의 중심에 있고, 태양이나 달, 행성 및 별들은 지구 주위를 원궤도로 돈다고 생각한 지구중심설(천동설)을 주창한 이후, 프톨레마이오스(A.D. 85~165 ?)가 하나의 완전한 우주 체계로 완성하였다. 이 주장은 달이나 금성의 위상 변화, 행성의 역행 등 여러 가지 모순이 나타나는 상황에서도 카톨릭의 힘을 등에 업고 불변하는 진리처럼 받아들여졌다.

그러나 1514년 폴란드의 신부인 코페르니쿠스(1473~1543)는 보다 단순한 형태의 우주에 대한 모델을 제시하였다. 그가 이탈리아에 유학할 당시 저술한 [천체의 회전에 관하여]라는 책에서 태양중심설(지동설)을 주장하였는데, 발표 당시에는 교회로부터 이단으로 몰릴 것이 두려워 그의 이름을 밝히지 않았다고 한다. 그는 우주의 중심에 태양이 있고, 그 주위에 지구와 행성이 돌고 있다고 생각하였는데, 이 주장이 본격적으로 받아들여진 것은 무려 100년 가까운 세월이 흐른 뒤였다.

독일의 천문학자인 요하네스 케플러와 이탈리아의 천문학자인 갈릴레오 갈릴레이(1564~1642)는 코페르니쿠스가 주장한 태양중심설을 지지하고 나섰던 것이다. 그러다 1609년에 지구중심설의 오류를 밝히는 중대한 사건이 일어난다. 그 당시 망원경을 막 제작하여 밤하늘을 관측하던 갈릴레이는 어느 날 목성을 관측하던 중 놀라운 발견을 하게 된다. 목성 주위에서 작은 위성들이 발견되었는데 이 위성은 목성을 중심으로 공전을 하고 있는 것이었다. 이를 토대로 우주의 체계를 설명하려던 갈릴레이는 태양중심설(지동설)을 확신하게 되었던 것이다. 물론 이러한 현상도 지구를 우주의 중심에 놓고 목성의 달들이 지구 둘레를 아주 복잡한 궤도를 그리며 돈다고 함으로써 마치 목성 주위를 도는 것처럼 할 수는 있지만, 간단하게 설명할 수 있는 태양중심설이 더 타당하다고 갈릴레이는 생각한 것이다.

거의 같은 시기에 케플러는 그의 스승인 티코 브라헤가 관측을 통해 모아 놓은 무수히 많은 천체의 움직임에 대한 연구를 하다 코페르니쿠스의 우주 체계를 일부 수정하여 행성이 타원 궤도로 태양 주위를 돈다고 제안하였고, 이로써 태양계 내의 행성이나 달의 움직임이 완벽하게 설명되기에 이른 것이다. 그러나 케플러는 행성의 궤도 운동이 자기력에 의한 것이라 생각하여 이를 이용해 행성의 타원 궤도를 설명하는데는 한계가 있었다. 이 후에 뉴턴(1642~1727)이 만유인력 법칙과 운동의 법칙을 발견하여 행성이 태양 주위를 도는 체계를 증명함으로써 많은 궁금증이 풀리기 시작했다.

뉴턴은 중력이론에 근거하여 별들이 서로 끌어당기므로 정지 상태에 있을 수 없다고 생각하였고, 이러한 운동은 중력의 형태로 나타나므로 어느 한 점으로 모든 물체가 떨어져 버리는 것이 아닌가 생각하였다. 최근에는 이것이 잘못이라는 것이 밝혀졌지만, 그 당시에는 아주 확고한 자리를 차지하고 있었다.

이런 상황에서 우주의 탄생은 언제 일어났고, 별은 빛을 언제부터 내게 되었는가가 중요한 쟁점으로 떠오르게 되었다. 물론 우주의 시초에 대한 의견은 아우구스티누스가 그의 저서 [신국론]에서 주창하였는데, 그는 철저하게 성경에 의한 것이었다. 성경의 창세기에 기록된 내용을 기초로 하여 우주는 기원전 5000년에 생겼다고 주장하였다. 이와는 반대로 아리스토텔레스를 비롯한 그리스 대부분의 철학자들은 인류와 우주는 과거에서부터 미래까지 영원히 존속할 것이라 믿고 있었다.

우주의 시초와 공간의 유한성에 대한 문제는 1781년에 와서야 본격적으로 다루기 시작하였다. 독일의 철학자인 칸트는 그의 저서 「순수이성비판」에서 영원불멸이란 문제를 이율배반의 원리에 의해 반박하고 따라서 우주는 그 시초가 있을 것이라고, 아주 애매하게 써놓고 있다. 아마 그가 이렇듯 애매하게 풀이해 놓은 것은 우주는 영원불멸한다는 생각과 우주는 어느 시점을 기준으로 시작되었다는 두 이론 다 믿을 만한 것이라 생각했던 것 같다.

위와 같이 성경이나 철학에 의존해서 우주를 다루던 것이 1929년에 들어서서 구체적인 관측 자료와 함께 우주를 다시 다루게 되었다. 이 해에 허블(1889~1953)은 지구에서 어느 지점을 관측하더라도, 멀리 있는 외부 은하들일수록 우리에게서 더 빨리 멀어져가고 있다는 것을 관측했던 것이다. 이것이 요즘 다루고 있는 허블의 법칙($V_r = H_r$)이다. 이 관측으로부터 우리 우주는 약 137억년 전에는 한 점에 모여 있었고, 이 지점의 밀도는 우리가 상상할 수도 없을 만큼 무한히 컸을 것이라는 새로운 우주 창조의 이론이 등장하게 되었는데 이것이 대폭발설(big bang)이다. 이로 인해 수수께끼 같은 우리 우주의 생성에 대한 문제가 조금이나마 윤곽을 잡기 시작했다.

◆ 우리 우주는 어떻게 생겼나요?

대폭발설에 의하면 우리 우주는 한 점에 모여 있었다. 이 때의 밀도는 대략 10^{97}g/ cm^3정도 되었다고 하는데, 참고적으로 물의 밀도가 1g/cm^3이고, 태양의 평균 밀도는 약 1.5g/cm^3이며, 흔히 별의 종말을 이야기 할 때 다루어지는 블랙홀의 밀도가 10^{15}g/cm^3이므로 우주 탄생 초기의 밀도는 상상을 초월하는 초고밀도였을 것이다. 또한 이때의 온도는 10^{33}K정도로 아주 뜨거운 상태였을 것이다. 이러한 상태의 우주가 중력 불안정으로 인해 붕괴하기 시작하여 이것이 거대한 폭발을 일으키게 된 것이다. 이 후 우주는 팽창을 거듭하여 빅뱅 후 10^{-35}초 후에는 우주가 갑자기 팽창하는 인플레이션 단계를 거치게 된다. 이러한 인플레이션은 우주 탄생 후 10^{-32}초가 되었을 때 멈추었다. 인플레이션 후에는 별다른 큰 사건이 나타나지 않았던 시기가 존재하는데 이 시기는 인플레이션 후부터 10^{-12}초 사이로서 이 때를 '사막'이라 한다.

그리고 우주 탄생 100~1000초(빅뱅 후 약 3분)정도 되었을 때 비로소 원자핵이 합성되었다. 빅뱅이 일어나고 10^{12}초 때까지는 복사가 우주를 지배하는 시대로써 "복사시대"라 한다. 이 시기 이후에는 우주가 활짝 열려 우리가 우주를 볼 수 있는 상태가 되었으며, 지금과 같은 물질이 지배하는 시대로써 "물질시대"라 하는데, 우주 탄생 후 약 50만년이 두 시대의 경계에 해당한다.

빅뱅 후 10~20억년 지났을 때, 은하와 별이 생성되기 시작했으며, 우리 태양은 빅뱅 후 85억년이 지난 다음의 일이다. 초기에 우주의 온도가 10^{33}K의 고온이었지만 우주가 팽창하면서 온도가 낮아져 현재 우주 공간의 평균 온도는 약 3K정도 된다. 이 3K 우주 배경 복사는 우주의 팽창을 의미하는 것으로써 빅뱅이론을 뒷받침해주는 결정적인 증거가 되는 것이다[그림 11－1].

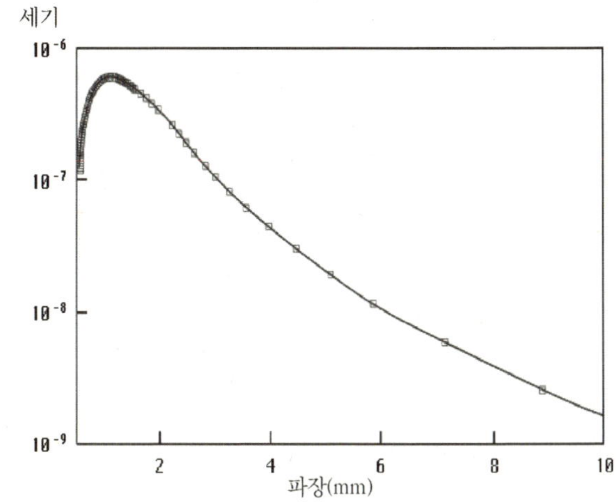

[그림 11-1] 3K 우주 배경 복사

◆ 그러면 우리 우주의 미래는 어떻게 되나요?

우리 우주의 미래는 아직 뭐라 말하기는 어렵다. 지금과 같은 팽창을 지속할 것인지, 아니면 우주 탄생 초기의 상태로 되돌아 갈 것인지, 그것도 아니면 어느 정도 팽창하다 멈출 것인지 현재의 관측 자료로서는 판단하기 어렵기 때문이다.

[그림 11－2]에서 보듯이 현재의 위치($t=1/H_o$)가 상당히 애매한 지점에 있고, 또한 이 지점이 거의 우리 우주 끝에 위치하고 있기 때문에 관측 오차가 매우 크게 나타난다. 이러한 관측 오차는 우리 우주의 미래를 결정하는데 많은 어려움이 있다.

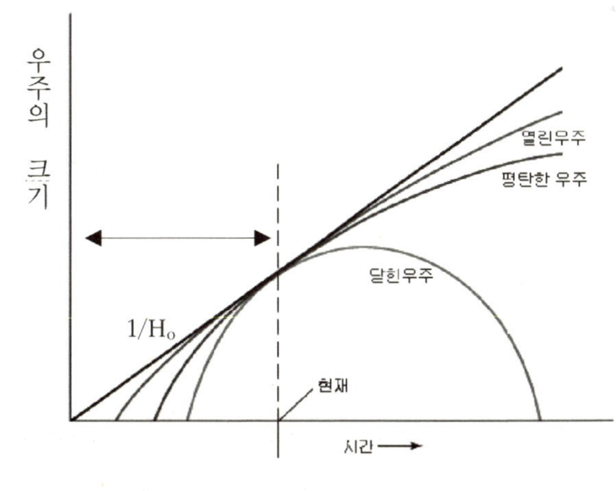

[그림 11-2] 우주의 미래

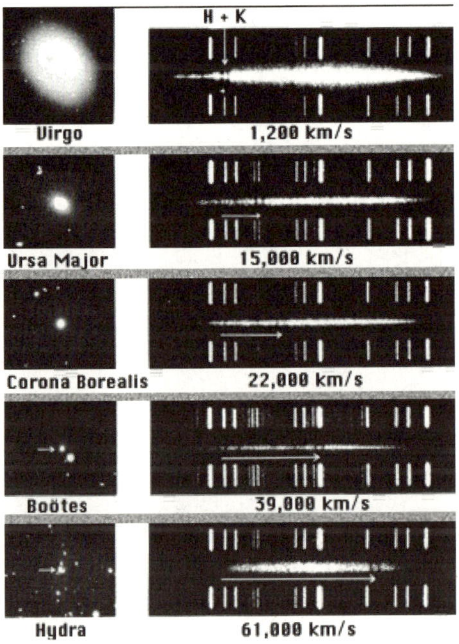

[그림 11-3] 은하의 후퇴

우리 은하로부터 멀리 떨어진 은하일수록 더욱 빠르게 도망가는 것처럼 보인다.

재미있는 탐구활동(우주의 팽창)

1. 은하의 시선속도 관측 자료 [그림 11－3]과 그래프 용지를 준비하자.

2. 우주의 팽창은 어떻게 알아내면 되는가?
   ① [그림 11－3]의 사진에서 H＋K선의 이동을 토대로 관측된 시선속도를 이용하여 거리를 구한다.
      ※ 허블의 법칙: $V_R = Hr$
      ┌ V_R＝관측된 시선속도, H＝허블 상수; 50km/s/Mpc
      └ r＝은하까지의 거리
   ② 시선 속도와 거리와의 관계를 그래프로 그려보자.

3. 우주의 팽창을 알 수 있을까?
   ① 각 은하까지의 거리는 얼마인가?
      Virgo: Ursa Major:
      Corona Borealis: Bootes:
      Hydra:
   ② 시선 속도와 거리와의 관계 그래프에서 기울기가 의미하는 것은?
   ③ 허블의 법칙에서 1/H 가 의미하는 것은 무엇인가?
      (단, H＝50km/s/Mpc으로 계산하여라)
   ④ 허블 상수는 50～100km/s/Mpc의 값을 갖는다. 이렇게 구하면 우주의 크기가 100～200억 광년이란 결과가 나온다. 이렇게 차이가 심한 까닭은 무엇인가?

참고문헌

1. 천문학 및 천체물리학 서론, 현정준 외 7인 역, 대한교과서.
2. 인간과 우주, 박창범 저, 가람기획.
3. 태양계천문학, 이시우, 안병호 공저, 서울대학교출판부.
4. 1998년도 역서, 천문대 편찬, 도서출판 남산당.
5. 코스모스, 서광운 역, 학원사.
6. 그래도 지구는 돈다, 박석재 저, 소학사.
7. 쉽게 찾는 우리 별자리, 이태형 저, 현암사.
8. 재미있는 별자리 여행, 이태형 저, 김영사.
9. Discovering the Universe, W. J. Kaufmann & N. F. Comins, Freemann Co.
10. Exploring the Universe, W. M. Protheroe, E. R. Capriotti & G. H. Newsom, Merrill Co.
11. Astronomy, R. B. Culver, Barnes & Noble Books.
12. 네이버(http://www.naver.com/) 백과사전 - 인물
13. 다음(http://www.daum.net/) 백과사전 - 인물
14. 위키(http://ko.wikipedia.org/) 백과사전 - 인물 등
15. The Oxford Encyclopedia of Ancient Egypt, by Leonard H. Lesko, 2001
16. 지구를 상상하다 - 신화부터 과학까지(기욤 뒤프라)
17. 지질자원연구소, 기상청, 해양조사원, 해양개발연구원, 천문연구원 홈페이지
18. 우주의 끝을 찾아서, 이강환, 현암사
19. 서양과학사, 오진곤, 전파과학사
20. 우리역사의 하늘과 별자리, 김일곤
21. 과학의 탄생, 야마모토 요시타카 저, 이영기 옮김, 동아시아
22. http://if-blog.tistory.com/
23. 고등학교 지구과학1 교과서(2009)
24. 나사 홈페이지(http://www.nasa.gov/)

찾아보기

[ㅇ]

[ㅈ]

[ㅊ]

[ㅋ]

[ㅌ]

부록

부록 1. 관측 일지

관측자: (   )   사용 필름: (   )

필름 번호	관측 일시	관측 대상	사용 망원경	관측 시간	노출 시간	기상 상태	비 고
1							
2							
3							
4							
5							
6							
7							
8							
9							
10							
11							
12							
13							
14							
15							
16							
17							
18							
19							
20							
21							
22							
23							
24							
25							
26							
27							
28							
29							
30							
31							
32							
33							
34							
35							
36							

부록 2. 행성, 태양, 달의 스케치 일지

관측 대상		관측 일시		관측 시간	
관측자		사용 망원경		기상 상태	

〈스케치〉

특기 사항		비고	

부록 3. 계절별 별자리

1. 봄

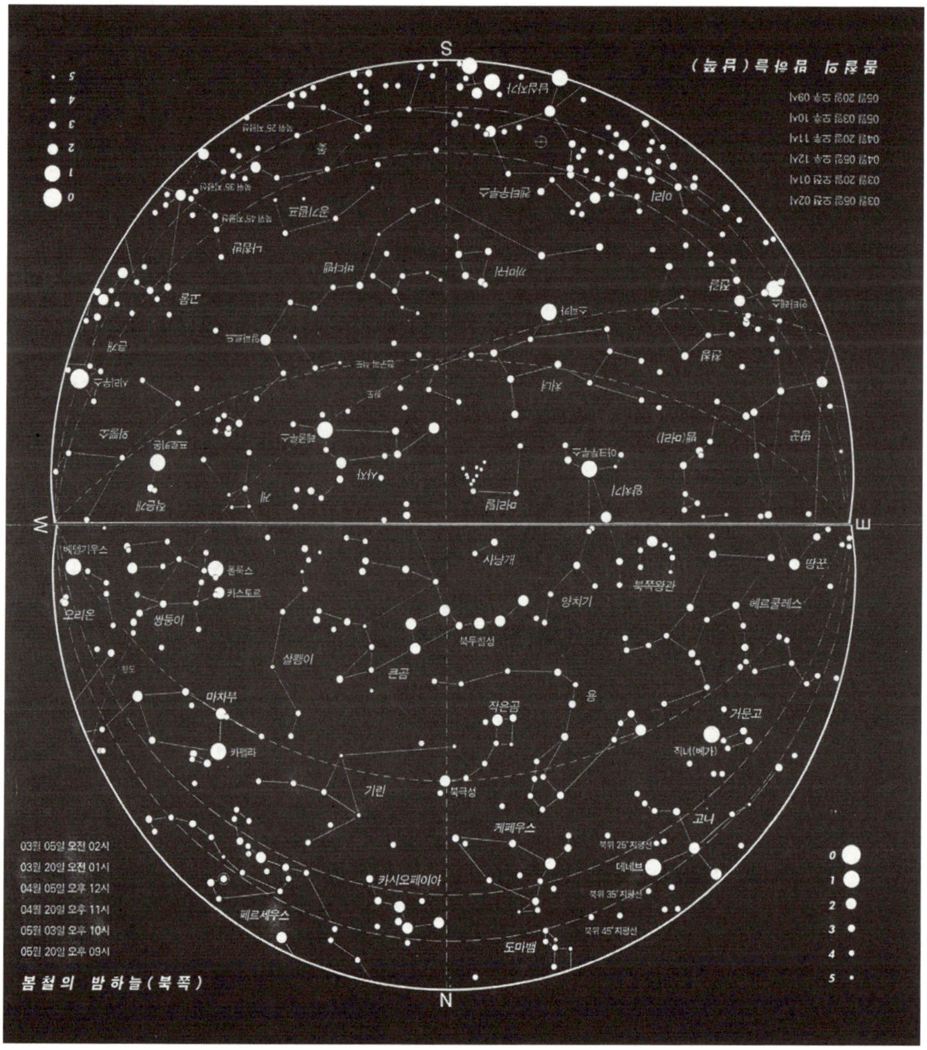

2. 여름

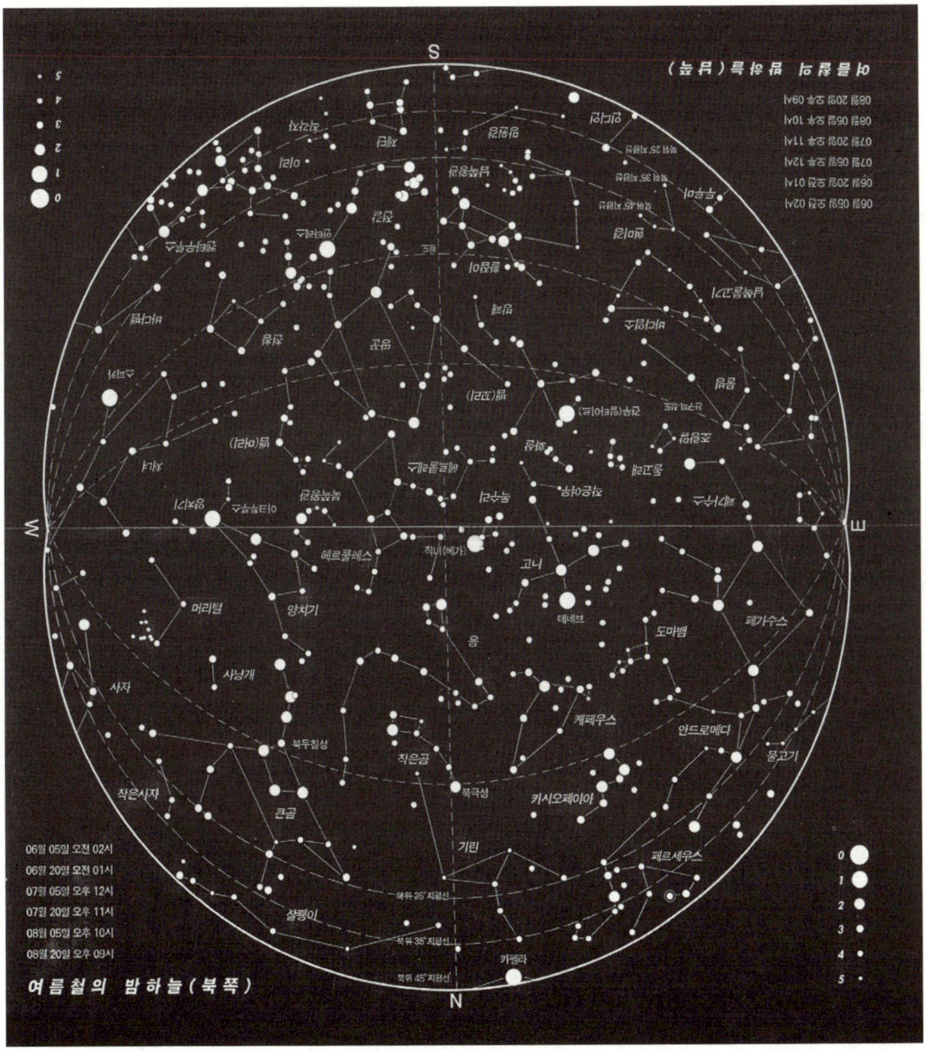
S
N
W
E
여름철의 밤하늘(북쪽)
06월 05일 오전 02시
06월 20일 오전 01시
07월 05일 오후 12시
07월 20일 오후 11시
08월 05일 오후 10시
08월 20일 오후 09시
헤르쿨레스
직녀(베가)
고니
머리털
양치기
데네브
도마뱀
페가수스
사냥개
사자
케페우스
안드로메다
북두칠성
작은곰
물고기
작은사자
북극성
카시오페이아
큰곰
기린
페르세우스
살쾡이
카펠라
북위 25° 지평선
북위 35° 지평선
북위 45° 지평선

3. 가을

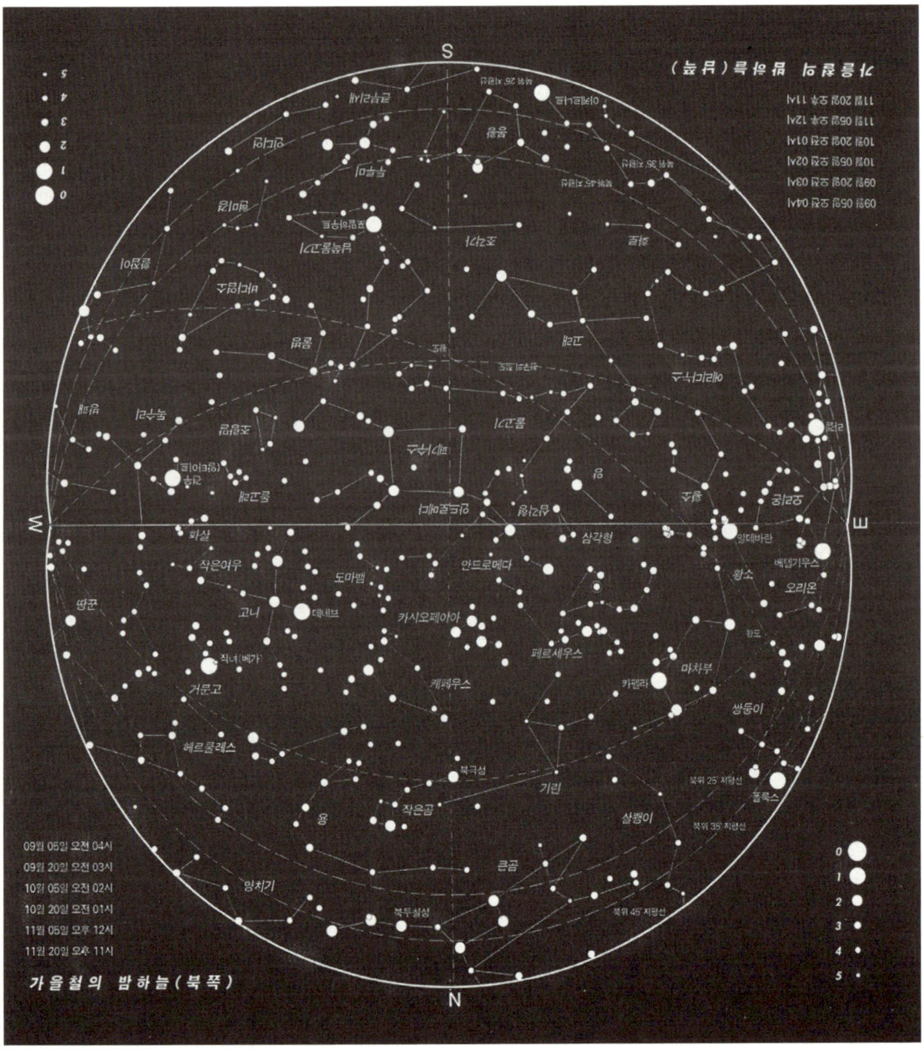
S
N
W
E
작은여우
도마뱀
안드로메다
삼각형
화살
땅꾼
고니
데네브
직녀(베가)
거문고
카시오페이아
페르세우스
케페우스
카펠라
마차부
알데바란
황소
베텔기우스
오리온
쌍둥이
헤르쿨레스
북극성
작은곰
기린
살쾡이
폴룩스
용
큰곰
양치기
북두칠성
북위 25° 지평선
북위 35° 지평선
북위 45° 지평선
0
1
2
3
4
5
09월 05일 오전 04시
09월 20일 오전 03시
10월 05일 오전 02시
10월 20일 오전 01시
11월 05일 오후 12시
11월 20일 오후 11시
가을철의 밤하늘(북쪽)

4. 겨울

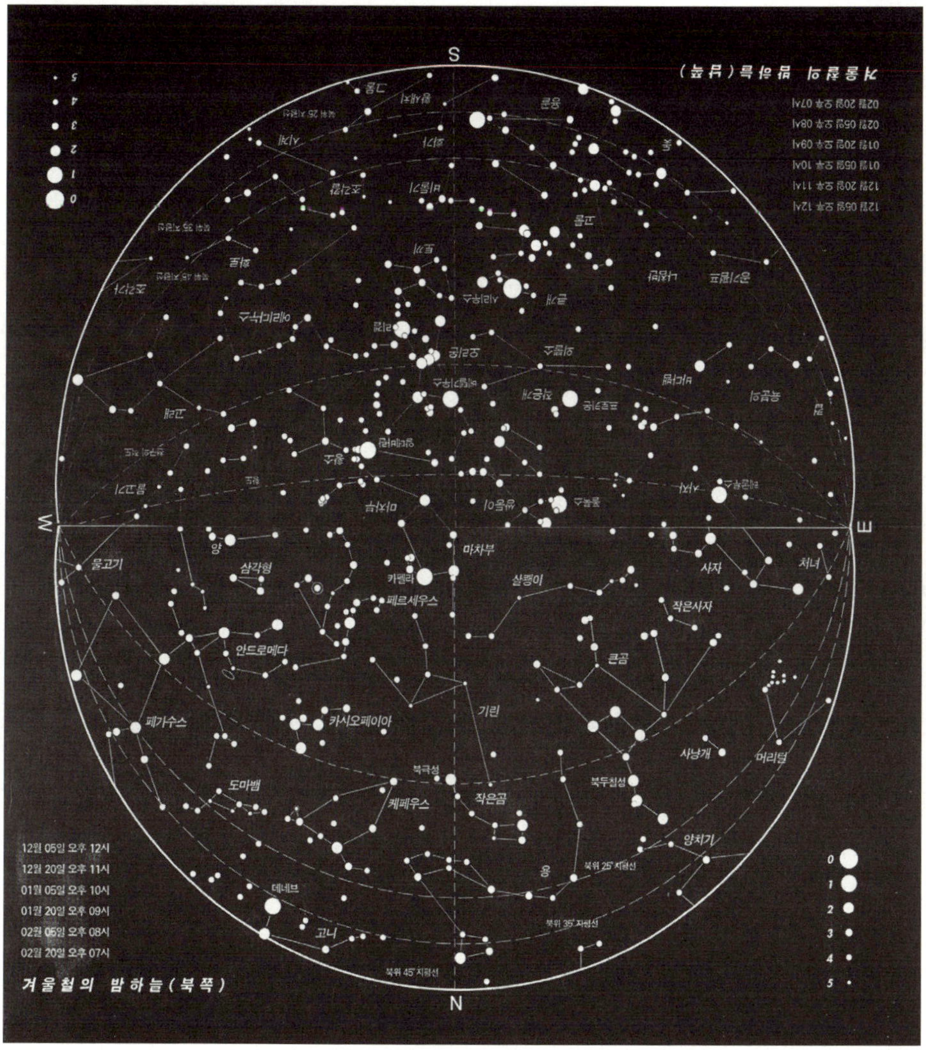
S
N
W
E
물고기
양
삼각형
카펠라
마차부
페르세우스
살쾡이
사자
처녀
작은사자
안드로메다
큰곰
페가수스
카시오페이아
기린
사냥개
머리털
북극성
북두칠성
도마뱀
케페우스
작은곰
양치기
용
북위 25° 지평선
북위 35° 지평선
북위 45° 지평선
데네브
고니
12월 05일 오후 12시
12월 20일 오후 11시
01월 05일 오후 10시
01월 20일 오후 09시
02월 05일 오후 08시
02월 20일 오후 07시
겨울철의 밤하늘(북쪽)
0
1
2
3
4
5

부록 4. 별자리 찾는 법

① 봄철 별자리 찾는 법

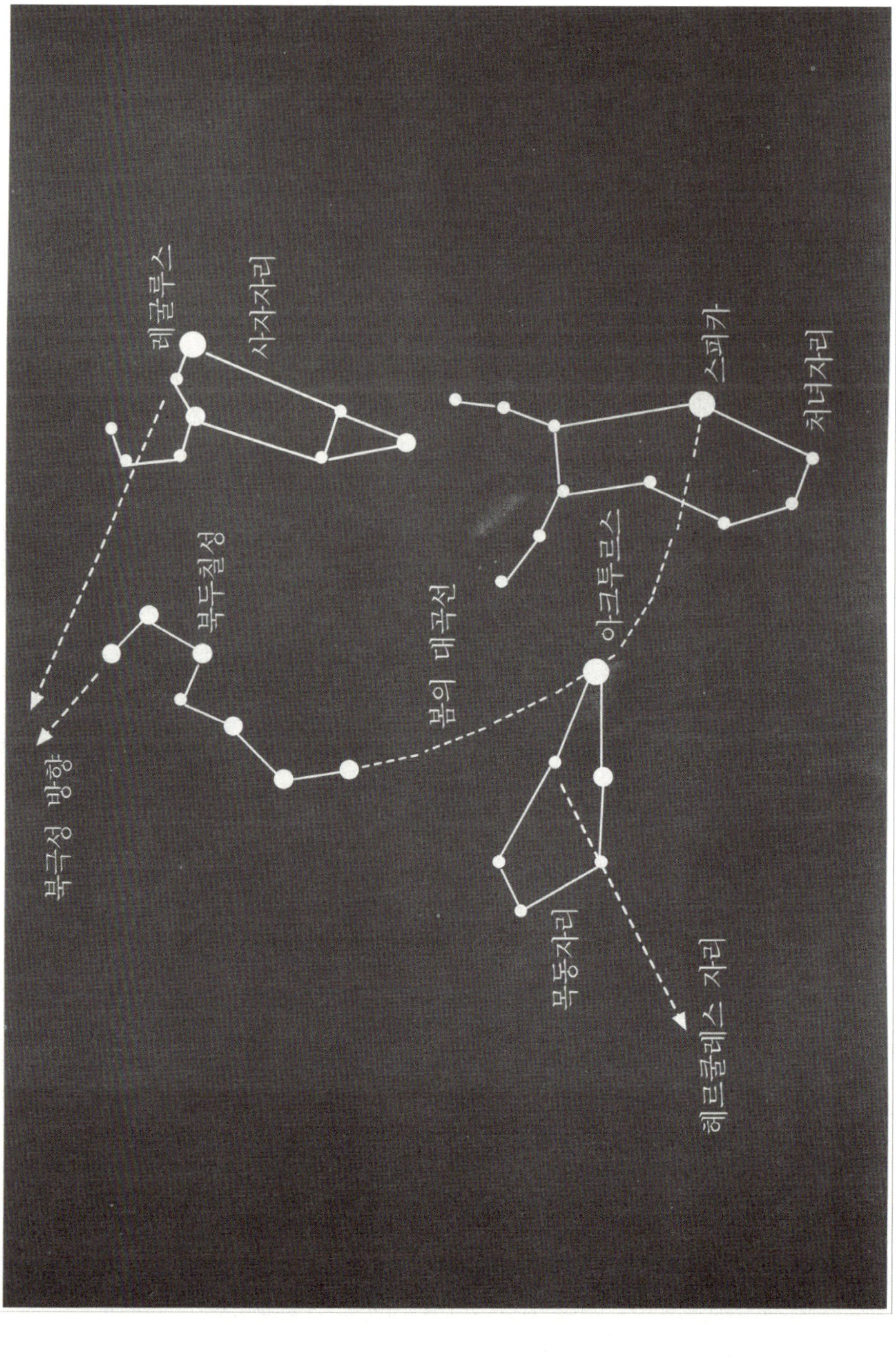

② 여름철 별자리 찾는 법

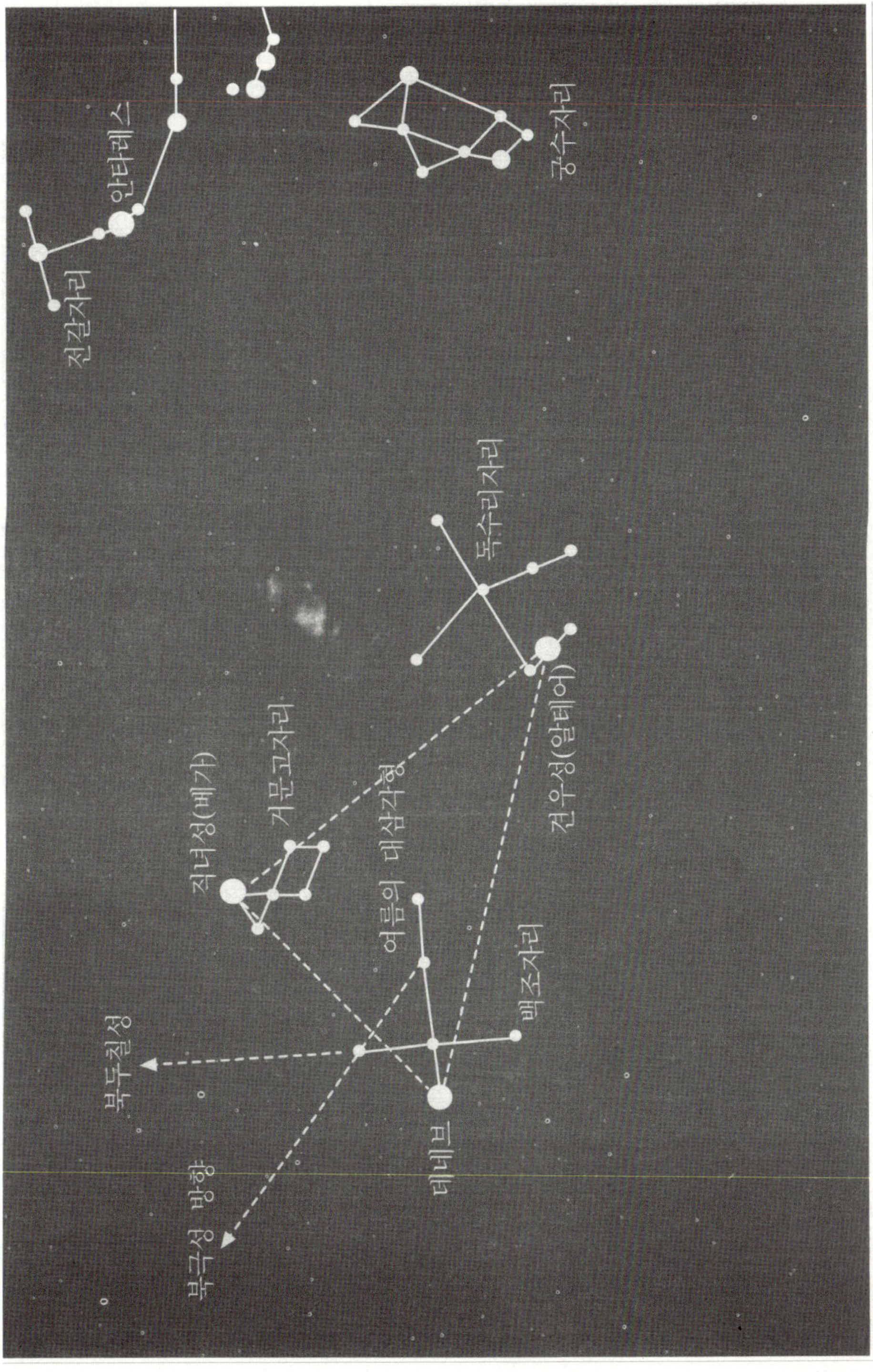
안타레스
전갈자리
궁수자리
독수리자리
견우성(알테어)
거문고자리
직녀성(베가)
여름의 대삼각형
백조자리
북두칠성
데네브
북극성 방향

③ 가을철 별자리 찾는 법

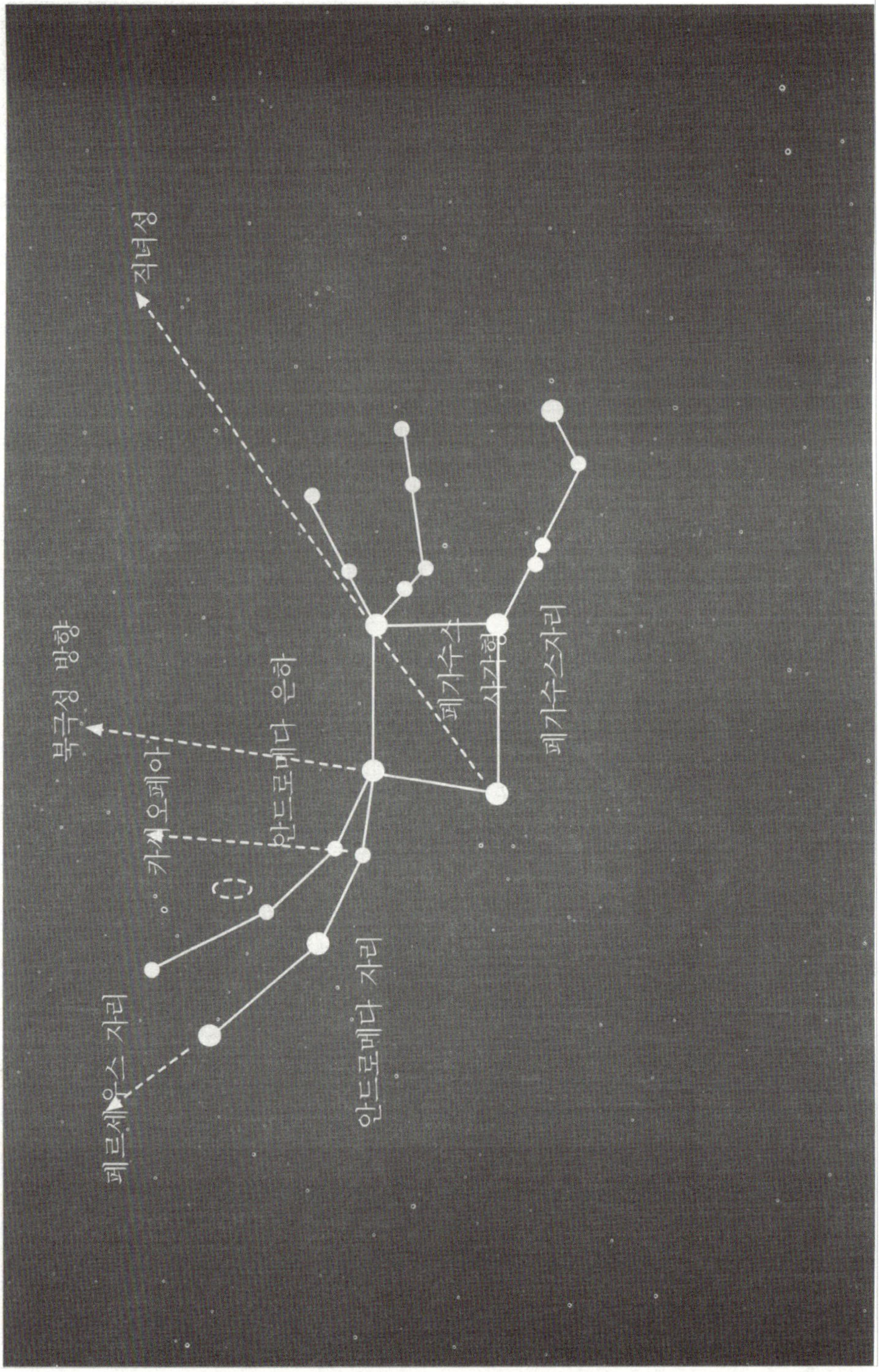

④ 겨울철 별자리 찾는 법

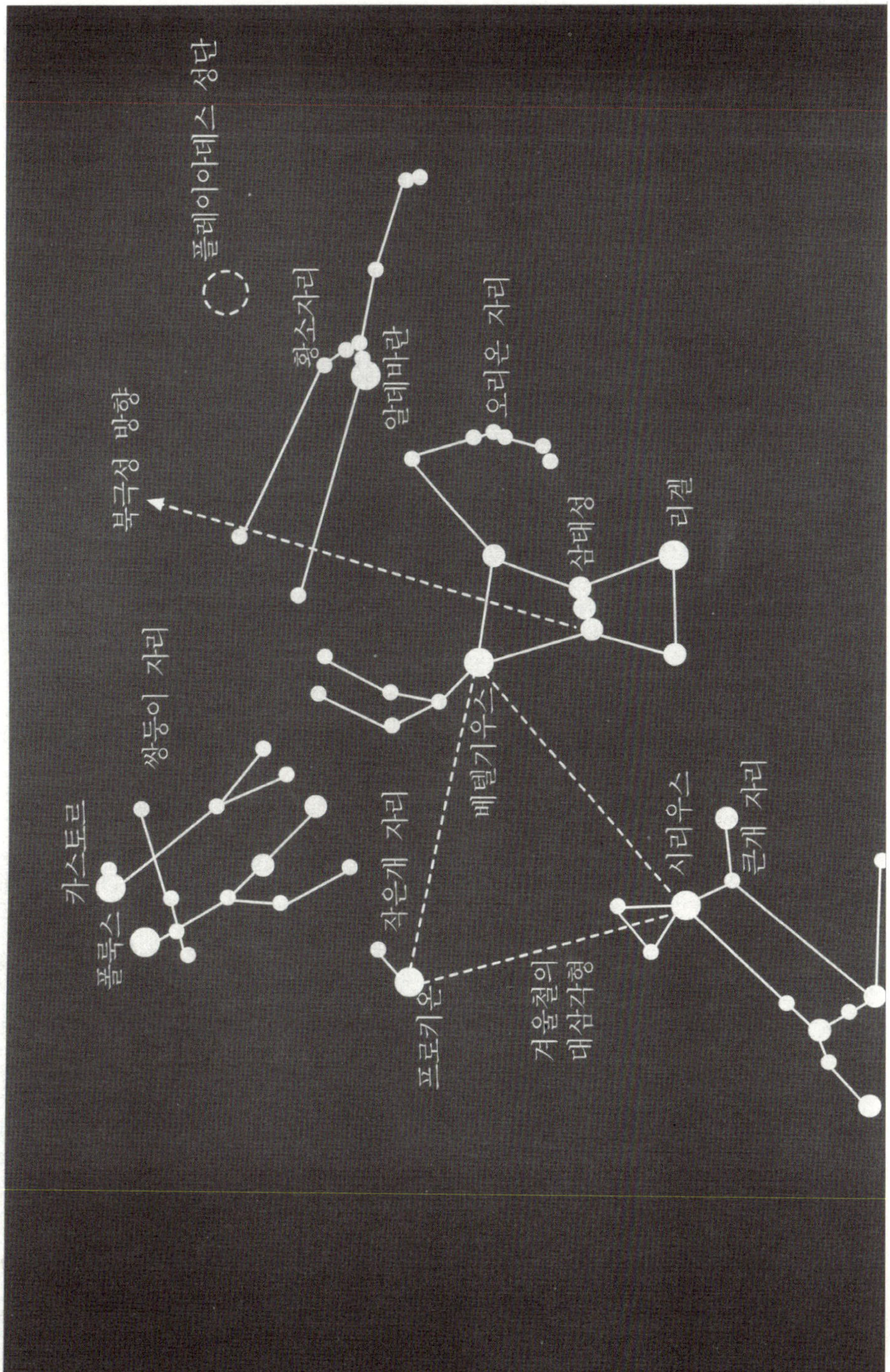
플레이아데스 성단
황소자리
알데바란
오리온 자리
북극성 방향
삼태성
리겔
쌍둥이 자리
카스토르
폴룩스
베텔기우스
작은개 자리
시리우스
큰개 자리
프로키온
겨울철의
대삼각형

별자리

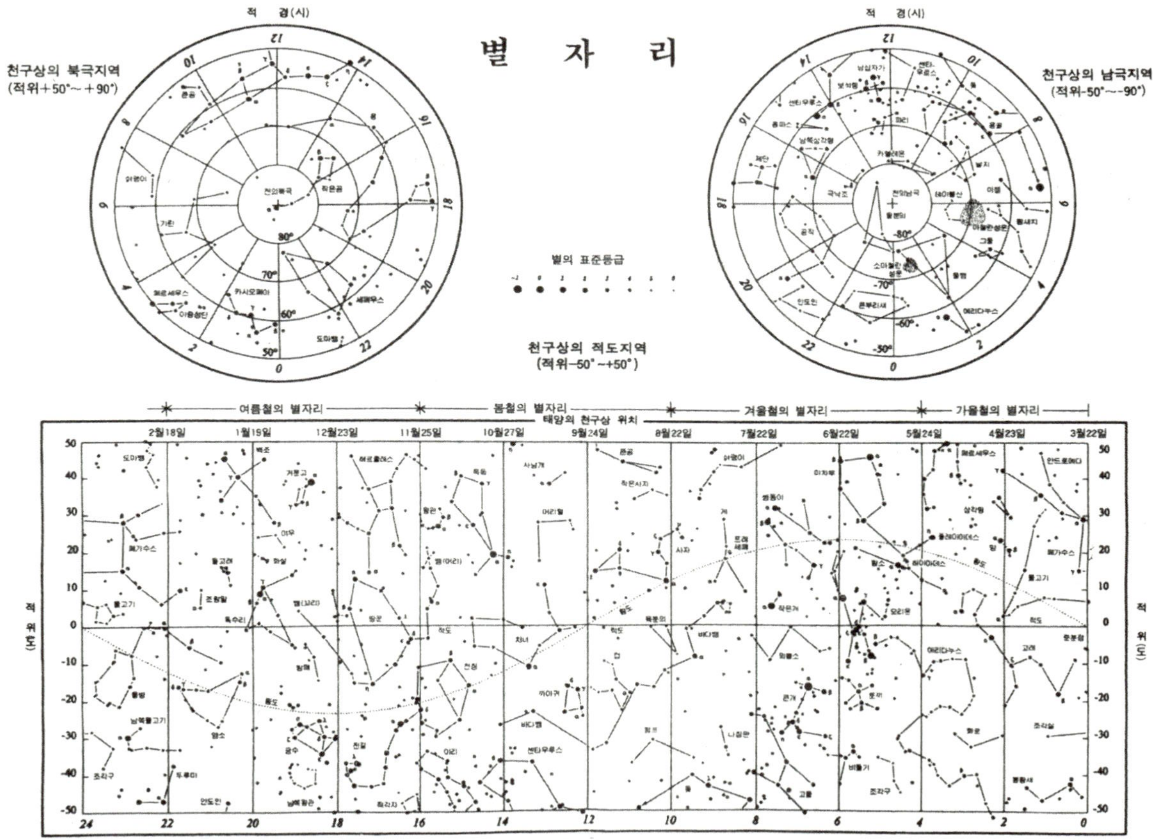

그림설명: 그림 상단의 월 · 일은 1년간의 태양의 지구상의 위치를 나타내므로, 임의의 월 · 일에 태양의 적경은 그 날짜를 그림 하단의 적경선과 연결했을 때 만나는 값이다. 그런데 별은 태양의 반대편에 있어야 보이게 되므로, 앞에서 구한 태양의 적경값에 12시간(180도)를 가감하면 그 날에 우리가 볼 수 있는 별자리들의 적경값이 나온다.

천문대 편집

부록 6. 세미-로그 그래프(semi-log graph)

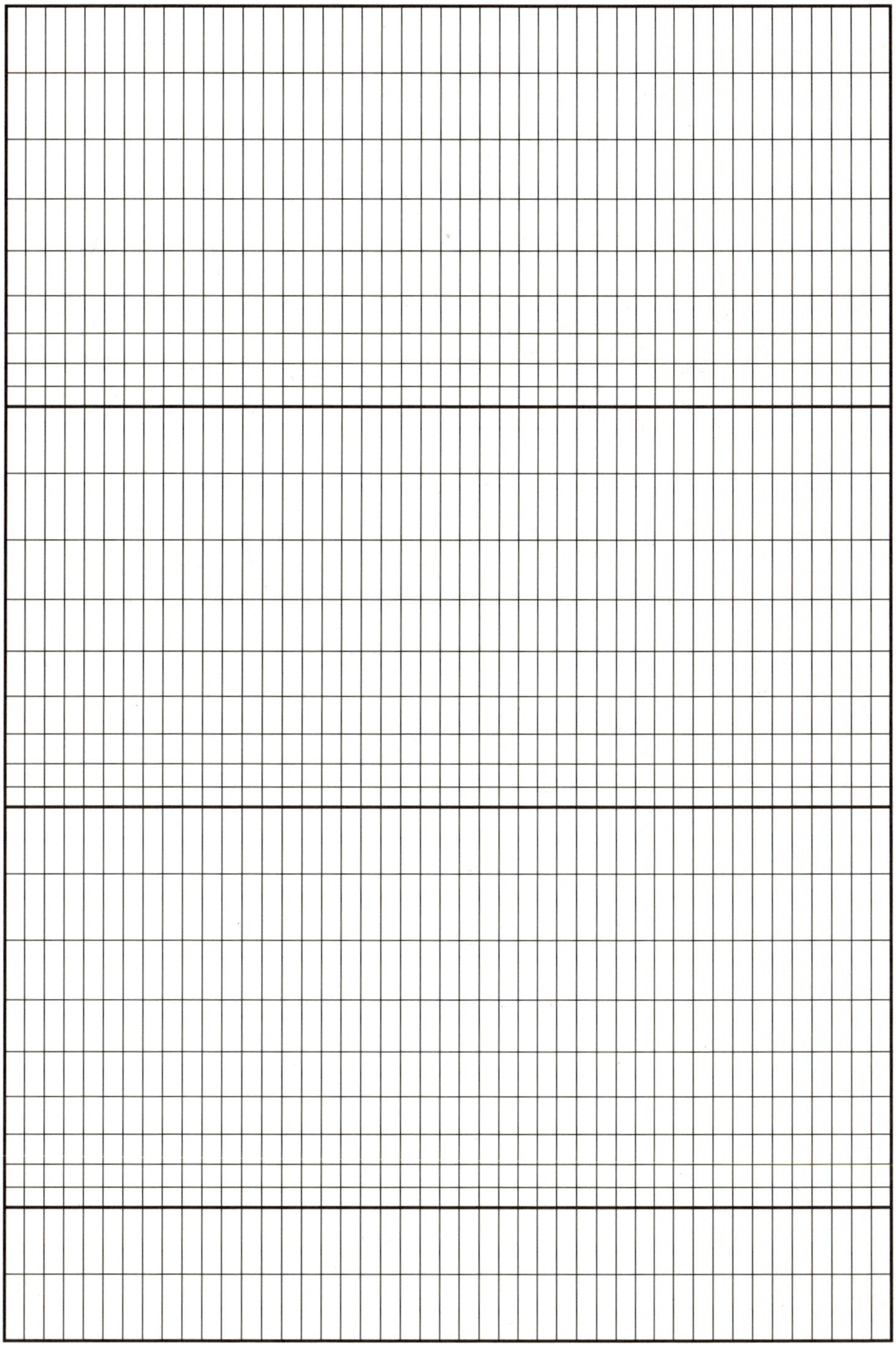

부록 7. 모눈 종이

부록 8. 여러 가지 상수와 단위

천문단위	$1AU=1.496\times10^{13}cm$
파아섹	$1pc=206265AU=3.26Ly=3.086\times10^{18}cm$
광년	$1Ly=6.324\times10^{4}AU=0.307pc=9.46\times10^{17}cm$
항성년	$1yr=365.26$일$=3.16\times10^{7}$초
지구의 질량	$M_\oplus=5.98\times10^{27}g$
적도 반지름	$R_\oplus=6378km$
공전 속도	$V_\oplus=30km/s$
태양의 질량	$M_\odot=1.99\times10^{33}g=332775.92M_\oplus$
반지름	$R_\odot=6.96\times10^{5}km=109.13R_\oplus$
광도	$L_\odot=3.90\times10^{33}erg/s$
유효 온도	$T_{eff}=5800K$
달의 질량	$M_☽=7.3\times10^{25}g=0.0123M_\oplus$
반지름	$R_☽=1738km=0.273R_\oplus$
궤도 반지름	$d_☽=3.84\times10^{5}km$
항성월	$P_{항성월}=27.3$일
삭망월	$P_{삭망월}=29.5$일
은하계 중심에서 태양까지의 거리	$d_\odot=10kpc=30000Ly$
은하 중심을 도는 태양의 속도	$V_\odot=250km/s$
은하계의 지름	$R_G=60kpc=1.00\times10^{5}ly$
질량	$M_G=1.5\times1011M_\odot$

광속도	$c=3.00\times10^{10}cm/s$
중력 상수	$G=6.67\times10^{-8}dyne\cdot cm^2/g^2$
플랑크 상수	$h=6.625\times10^{-27}erg\cdot s$
볼쯔만 상수	$k=1.38\times10^{-16}erg/K$
스테판-볼쯔만 상수	$\sigma=5.67\times10^{-5}erg/cm^2\cdot s\cdot K^4$
비인의 법칙 상수	$\lambda_{max}T=2.898\times10^{7}\,ÅK$
지구의 대기압	1기압$=760mmHg=1.013\times10^{6}dyne/cm^2=1013hpa$
지구의 자전 각속도	$\omega=7.292\times10^{-5}rad/s$
태양 상수	$I=1.38\times10^{3}W/m^2$

부록 9. 10의 승수

승수	접두어	기호	승수	접두어	기호
10^{-1}	deci	d	10	deca	da
10^{-2}	centi	c	10^{2}	hecto	h
10^{-3}	milli	m	10^{3}	kilo	k
10^{-6}	micro	μ	10^{6}	mega	M
10^{-9}	nano	n	10^{9}	giga	G
10^{-12}	pico	p	10^{12}	tera	T
10^{-15}	femto	f			
10^{-18}	atto	a			

부록 10. 성단 관측 자료(히아데스성단) 및 색-등급도에 그려놓은 나이

(성단 자료 출처: Mermilliod, J.C: Catalogue of UBV Photometry and MK Spectral Types in Open Clusters, P. 275)

(산개성단의 진화경로 출처: Meader, A. and Mermilliod, J.C: 1981, Astron. Astrophys. 93. 136-149)

번 호	Mv	(B-V)	번 호	Mv	(B-V)
1	7.40	0.57	22	8.34	0.77
2	7.78	0.62	23	7.54	0.68
3	8.35	0.75	24	5.65	0.28
4	8.88	0.85	25	9.60	0.99
5	9.36	0.92	26	8.63	0.74
6	5.97	1.41	27	8.46	0.72
7	8.98	0.90	28	3.61	0.99
8	6.37	0.42	29	6.88	0.56
9	8.67	0.71	30	5.59	0.28
10	7.85	0.59	31	7.47	0.57
11	6.01	0.40	32	6.11	0.37
12	-	-	33	5.26	0.22
13	6.62	0.42	34	6.17	0.46
14	5.73	0.36	35	6.80	0.44
15	8.09	0.66	36	6.80	0.44
16	7.06	0.42	37	6.61	0.41
17	8.46	0.70	38	5.72	0.32
18	8.06	0.64	39	7.86	0.68
19	7.14	0.51	40	6.99	0.56
20	6.32	0.40	41	3.73	0.98
21	9.15	0.82	42	8.86	0.76

번 호	Mv	(B-V)	번 호	Mv	(B-V)
43	9.40	0.91	83	5.48	0.26
44	7.19	0.45	84	5.43	0.26
45	5.64	0.30	85	6.51	0.43
46	9.11	0.87	86	7.05	0.46
47	4.80	0.16	87	8.58	0.74
48	7.14	0.52	88	7.78	0.54
49	8.24	0.59	89	6.02	0.34
50	7.62	0.60	90	6.40	0.41
51	6.97	0.44	91	8.94	0.88
52	7.80	0.60	92	8.66	0.74
53	5.97	0.37	93	9.40	0.88
54	4.22	0.14	94	6.62	0.43
55	5.28	0.25	95	4.66	0.24
56	4.30	0.05	96	8.51	0.84
57	6.46	0.49	97	7.94	0.63
58	7.53	0.68	98	9.23	0.45
59	7.49	0.54	99	9.38	0.85
60	4.29	0.27	100	6.02	0.38
61	7.38	0.51	101	6.65	0.43
62	7.38	0.54	102	7.54	0.60
63	8.06	0.63	103	5.79	0.31
64	8.12	0.66	104	4.27	0.12
65	7.42	0.54	105	7.53	0.58
66	7.51	0.56	106	7.96	0.67
67	5.72	0.27	107	5.39	0.27
68	5.90	0.32	108	4.68	0.16
69	8.64	0.75	109	9.40	0.82
70	3.55	1.03	110	8.86	0.69
71	3.85	0.96	111	9.40	0.25
72	3.42	0.17	112	5.37	0.19
73	7.85	0.61	113	7.26	0.55
74	5.03	0.23	114	8.54	0.72
75	6.59	0.53	115	9.09	0.84
76	9.20	0.76	116	9.01	0.82
77	7.05	0.50	117	9.67	1.07
78	6.92	0.45	118	7.74	0.58
79	8.96	0.83	119	7.12	0.56
80	5.58	0.32	120	7.34	0.74
81	7.10	0.47	121	7.29	0.50
82	4.78	0.17	122	6.76	0.54

※ 색 - 등급도에 그려 놓은 나이

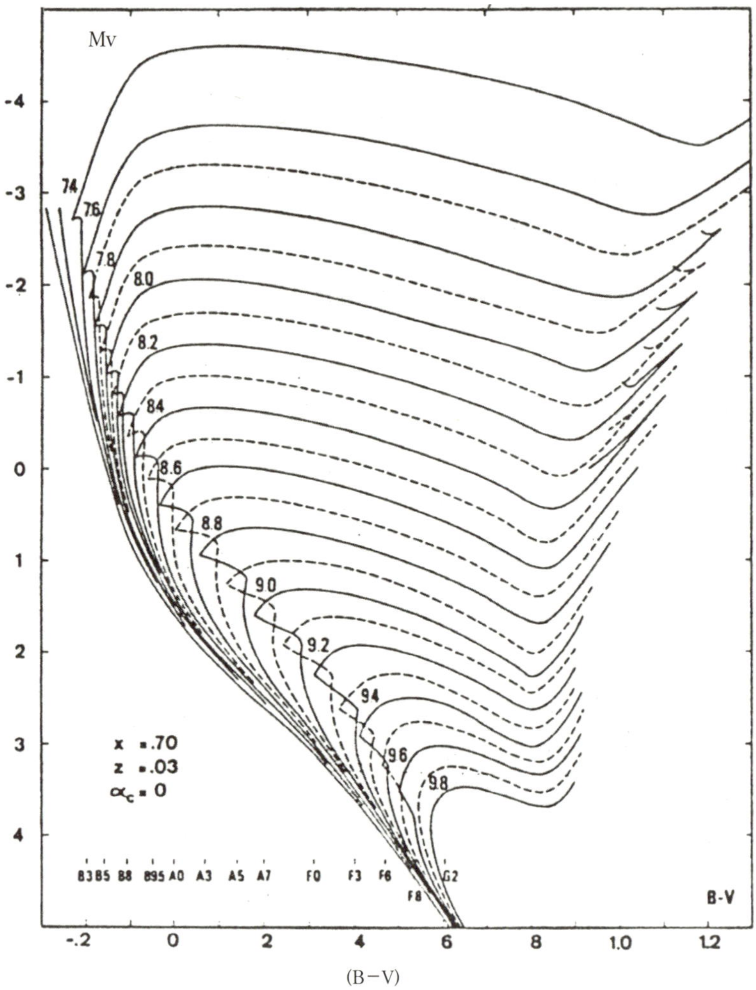

단, 그림에서 숫자는 로그(log)를 취한 값으로 다음과 같다.

예, 7.4 → $10^{7.4}$ = 2.51×10^7 = 2천 5백 1십만년, 7.6 → $10^{7.6}$ = 3.98×10^7 = 3천 9백 8십만년

7.8 → $10^{7.8}$ = 6.31×10^7 = 6천 3백 1십만년, 8.0 → $10^{8.0}$ = 1.00×10^7 = 1억년

8.2 → $10^{8.2}$ = 1.58×10^8 = 1억 5천 8백만년, 8.4 → $10^{8.4}$ = 2.51×10^8 = 2억 5천 1백만년

8.6 → $10^{8.6}$ = 3.98×10^8 = 3억 9천 8백만년, 8.8 → $10^{8.8}$ = 6.31×10^8 = 6억 3천 1백만년

9.0 → $10^{9.0}$ = 1.00×10^9 = 10억년, 9.2 → $10^{9.2}$ = 1.58×10^9 = 15억 8천만년

9.4 → $10^{9.4}$ = 2.51×10^9 = 25억 1천만년, 9.6 → $10^{9.6}$ = 3.98×10^9 = 39억 8천만년

부록 11. 북쪽을 찾는 방법

정확한 북쪽을 찾는 것은 천문학에서 아주 중요한 일 중의 하나이다. 관측자가 관측을 위해 빛이 없고, 공해가 없는 곳으로 이동했다고 하자. 관측을 위해 적도좌표계식 망원기(망원경)를 설치했다면, 극축을 정북에 맞추어야 한다. 그러나 북쪽을 알아내지 못한다면, 관측에 많은 어려움이 따를 것이다. 여기서는 북쪽 방향을 알아내는 방법에 대해 살펴보자.

① 나침반 이용법: 나침반을 이용한 방법이 북쪽을 결정하는데는 가장 손쉬운 방법이다. 그러나 나침반을 이용할 경우 측정한 지점에서의 편각을 알아야 한다. 편각은 지리상의 북쪽(진북)과 나침반이 가르키는 북쪽(자북)의 차이를 각도로 나타낸 것인데, 우리나라 서울의 경우에는 6.5°W이다. 이는 관측자가 나침반으로 측정한 북쪽에서 동쪽으로 6.5°이동을 해야 정확한 진북이 나오게 된다. 그러나 건물내부나 옥상에서의 나침반 사용은 어려움이 따른다. 그 이유는 건물 내부나 외부에는 전선이나 여러 금속 성분 등의 영향으로 나침반의 방향이 장소에 따라 변하기 때문이다.

② 이끼 이용법: 강의 한 가운데 커다란 돌이 있다면, 이를 잘 살펴보자. 이 돌을 보면 이끼가 있는 곳과 없는 곳이 발견될 것이다. 이끼는 어둡고 습한 곳에 잘 살기 때문에 이끼가 관찰되는 곳이 햇빛이 비치지 않는 곳, 즉, 북쪽이라는 것을 알 수 있다.

③ 나이테 이용법: 밑둥이 잘려나간 나무를 보면, 나이테를 볼 수 있다. 나이테는 햇빛을 받는 곳은 성장이 빨라 그 폭이 넓다. 그러나 햇빛을 받지 못하는 북쪽은 그 성장폭이 작아 옆의 그림처럼 나이테 간격이 매우 좁게 된다. 따라서 나이테가 관측되었을 때 간격이 좁은 쪽이 북쪽이 되고, 간격이 넓은 쪽이 남쪽이 됨을 알 수 있다.

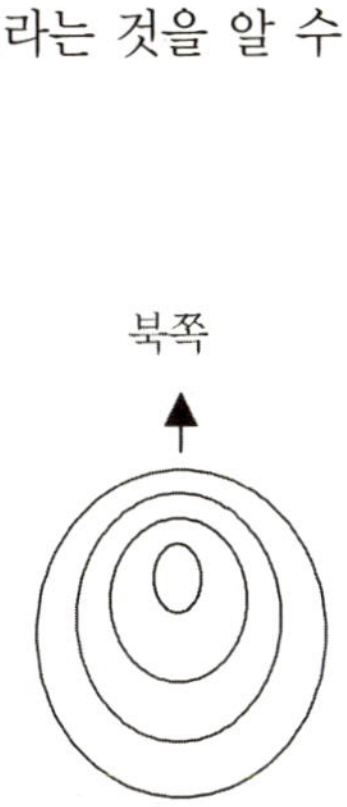

④ 나뭇잎의 크기와 무성한 정도를 가지고 알아내는 방법: 남쪽은 햇빛을 많이 받으므로 나뭇잎의 크기가 북쪽의 것보다 크게 된다. 또한 햇빛을 많이 받는 남쪽에는 나뭇잎이 많이 자라 무성하게 되고 북쪽은 나뭇잎이 성긴 상태가 된다. 따라서 이를 이용해서도 방향을 결정할 수 있는 것이다.

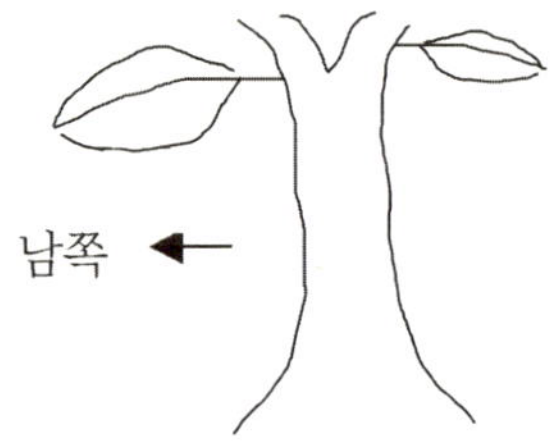

⑤ 그림자를 이용한 방법: 평평한 지표면에 나무막대를 세워 놓고, 시간이 지남에 따라 그림자의 길이 변화가 어떻게 나타나는지 관측해 보자. 실제로 관측해 보면, 왼쪽 그림과 같이 나타난다. 이 그림자의 끝을 연결하면 동·서 방향으로 직선이 그려진다. 이 때, 태양이 있는 쪽이 남쪽이므로 그림자가 생긴 쪽은 북쪽이 된다. 그리고, 직선에서 왼쪽은 동쪽이 되고, 직선에서의 오른쪽은 서쪽이 되는 것이다.

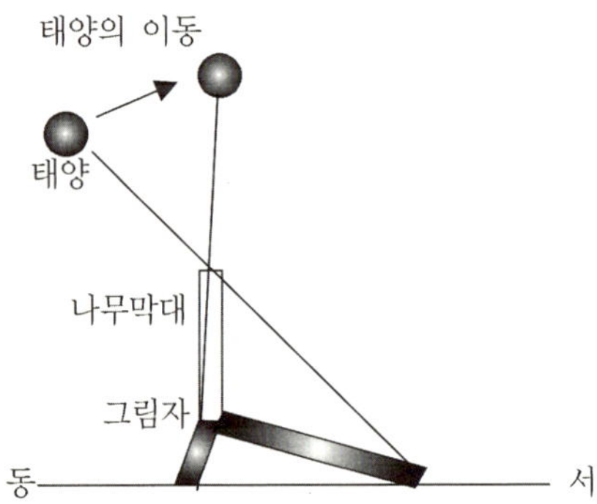

⑥ 아날로그 시계를 이용한 방법: 분침과 시침이 있는 아날로그 시계를 이용하는 방법은 다음과 같다. 먼저 시침(작은 바늘)을 태양으로 향하게 한다. 이렇게 한 후, 12시 표시와 이루는 각을 반으로 나누어 보자. 바로 이 방향이 남쪽이 되는 것이다. 참고로 디지털 시계(전자 시계)는 이러한 방법을 이용하기가 어렵다.

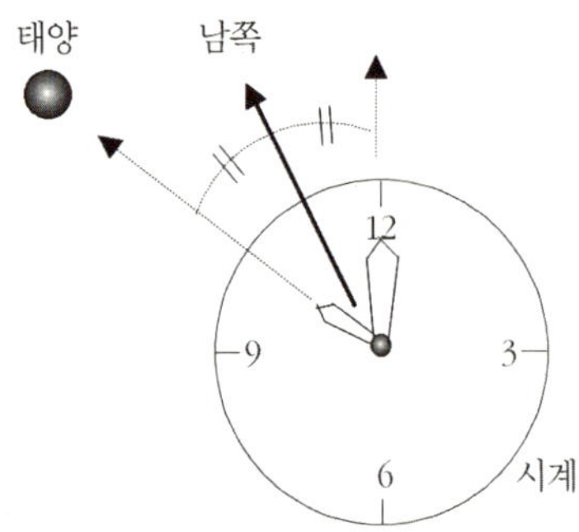

⑦ 북극성 이용법: 북극성이 있는 쪽이 북쪽인데, 자세한 내용은 3강에서 설명되었기 때문에 생략한다.

부록 12. 큰 왜소행성 목록 – 출처: 위키백과

왜행성(矮行星, dwarf planet) 또는 왜소행성의 정의

- 국제천문연맹(IAU)에서 2006년 8월 24일 정의
- 태양 주위를 공전한다.
- 구형에 가까운 모양을 유지하기 위한 중력을 유지할 수 있을 만한 질량을 가진다.
- 궤도 주변의 다른 천체를 배제하지는 못한다.
- 다른 행성의 위성이 아니다.

이름	궤도장반경(AU)	지름(km)	질량(kg)	분류
세레스	2.768	952.4	9.5×10^{20}	소행성대
명왕성	39.264	2368	$\sim 1.305 \times 10^{22}$	명왕성족
하우메아	43.218	1930×1529×993	4.006×10^{21}	해왕성 바깥 천체
마케마케	45.715	1502×1430	알 수 없음	큐비원족
에리스	67.781	2326	1.67×10^{22}	산란 분포대 천체
오르쿠스	39.173	917	6.22×10^{20}	명왕성족
살라시아	41.907	854	4.5×10^{20}	
2002 MS4	41.931	934	알 수 없음	
콰오아	43.405	1074	1.3×10^{21}	
2007 OR10	66.85	1280	알 수 없음	산란 분포대 천체
세드나	524.4	995	$1.7 \sim 6.1 \times 10^{21}$	안쪽 오르트 구름 천체
카론	39.264	1207	$\sim 1.305 \times 10^{22}$	위성?(후보군)

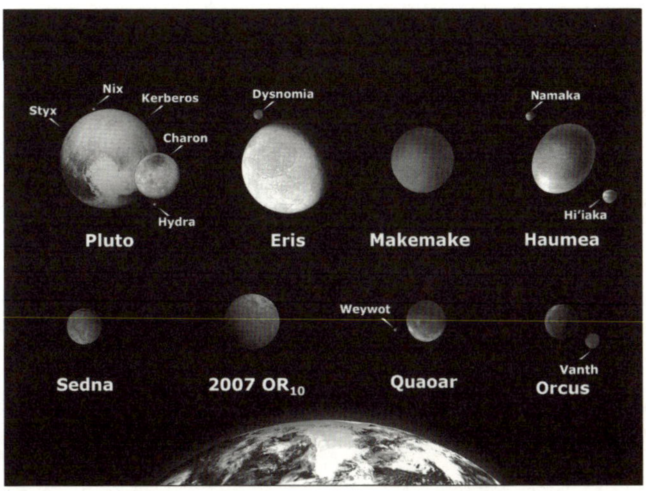

부록 13. 중요 외계행성계(최초발견사례) – 출처: 위키백과

2014년 3월 현재 약 2900개의 외계행성이 발견되었다.

주제	행성	항성	발견 년도	특징
최초 발견	PSR B1257+12 B PSR B1257+12 C	PSR B1257+12	1992	● 최초로 발견된 펄서 행성 ● 슈퍼지구
쌍성에서 발견	게자리 55 b	게자리 55	1996	
주계열성에서 발견	페가수스자리 51 b	페가수스자리 51	1995	● 처음 발견된 뜨거운 목성
뜨거운 별에서 발견	포말하우트 b	포말하우트	2008	● 가시광선 영역 영상으로 포착 ● 중심별 온도: 약 10000K
적색 왜성에서 발견	글리제 876 b	글리제 876	1998	● 거대 목성형 행성
거성에서 발견	용자리 요타 b	용자리 요타	2002	
백색 왜성에서 발견	PSR B1620-26 b	PSR B1620-26	1993	
갈색 왜성에서 발견	2M1207 b	2M1207	2004	
주계열성을 도는 지구형 행성	제단자리 뮤 c	제단자리 뮤	2004	● 행성 4개가 존재
주계열성을 도는 얼음 행성	OGLE-2005-BLG-390 Lb	OGLE-2005-BLG-390L	2006	● 적색 왜성 주위 공전

〈참고〉 드레이크 방정식(Drake equation) – 출처: 위키백과

여기서 흥미로운 방정식을 하나 소개하고자 한다. 이 방정식은 인간과 교신할 수 있는 지적인 외계 생명체의 수를 계산하는 방정식으로 1961년에 프랭크 드레이크에 의해 고안되었다.

$$N = R^{*} \times f_p \times n_e \times f_l \times f_i \times f_c \times L$$

N : 우리 은하 내에 존재하는 교신이 가능한 문명의 수

R^* : 우리은하 안에서 1년 동안 탄생하는 항성의 수(= 우리은하 안의 별의 수/평균 별의 수명)

f_p : 이들 항성들이 행성을 갖고 있을 확률(0에서 1 사이)

n_e : 항성에 속한 행성들 중에서 생명체가 살 수 있는 행성의 수

f_l : 조건을 갖춘 행성에서 실제로 생명체가 탄생할 확률(0에서 1 사이)

f_i : 탄생한 생명체가 지적 문명체로 진화할 확률(0에서 1 사이)

f_c : 지적 문명체가 다른 별에 자신의 존재를 알릴 수 있는 통신 기술을 갖고 있을 확률 (0에서 1 사이)

L : 통신 기술을 갖고 있는 지적 문명체가 존속할 수 있는 기간 (단위: 년)

각각의 값에는 정해진 답이 없다. 드레이크가 1961년에 사용한 값은 다음과 같다.
$R^*=10$/년, $f_p=0.5$, $n_e=2$, $f_l=1$, $f_i=0.01$, $f_c=0.01$, $L=10,000$년
따라서 $N=1$이다. 즉, 드레이크는 우리은하 내에 인간과 교신이 가능한 문명이 하나 존재한다고 보았다.
참고로, 이 방정식은 L의 값에 따라 달라지는데, 이 L값은 계산하고자 하는 사람이 결정하는 것이다.

◈ 지은이 소개 ◈

채 동 현

공주사범대학 지구과학교육과 졸업

서울대학교 자연과학대학원 지질학전공 이학석사

오하이오주립대학교 과학교육전공 교육학박사

현재 전주교육대학교 과학교육과 교수

저서: 지구과학개론(청문각), 과학교육론(북스힐), 과학교육의 질적접근(북스힐)

안 성 민

공주사범대학 지구과학교육과 졸업

서울대학교 자연과학대학원 천문학전공 이학석사

한국교원대학교 지구과학교육과 박사과정

현재 전주교육대학교 과학교육과 강사

제3판 쉽게 배우는 천문학

1999년 2월 25일 초판 1쇄 발행
2003년 2월 20일 수정증보판 1쇄 발행
2011년 8월 30일 수정증보판 3쇄 발행
2016년 2월 25일 3판 1쇄 발행
2019년 2월 25일 3판 2쇄 발행

지은이: 채 동 현 · 안 성 민
펴낸이: 한 정 주
펴낸곳: 교 육 과 학 사

경기도 파주시 광인사길 71
전화(031)955-6956~8/팩스(031)955-6037
Home-page : www.kyoyookbook.co.kr
E-mai l: kyoyook@chol.com
등록 : 1970년 5월 18일 제2-73호

낙장 · 파본은 교환해 드립니다.
Printed in Korea.

정가 14,000 원
ISBN 978-89-254-1028-9